黄南州绿色有机农畜产品输出地先行区建设

# 农业生产技术指导手册

马正炳　苏呈文　李　莲　主编

中国农业科学技术出版社

图书在版编目（CIP）数据

农业生产技术指导手册 / 马正炳，苏呈文，李莲主编. -- 北京：中国农业科学技术出版社，2024.7.
ISBN 978-7-5116-6939-1

Ⅰ.S

中国国家版本馆CIP数据核字第2024KW4954号

责任编辑　贺可香
责任校对　李向荣
责任印制　姜义伟　王思文

| 出 版 者 | 中国农业科学技术出版社 |
|---|---|
| | 北京市中关村南大街12号　　邮编：100081 |
| 电　　话 | （010）82106638（编辑室）　（010）82106624（发行部） |
| | （010）82109709（读者服务部） |
| 网　　址 | https://castp.caas.cn |
| 经 销 者 | 各地新华书店 |
| 印 刷 者 | 北京建宏印刷有限公司 |
| 开　　本 | 148 mm×210 mm　1/32 |
| 印　　张 | 7.375 |
| 字　　数 | 180千字 |
| 版　　次 | 2024年7月第1版　2024年7月第1次印刷 |
| 定　　价 | 58.00元 |

◆版权所有·侵权必究◆

# 《农业生产技术指导手册》

## 编委会

主　编：马正炳　　苏呈文　　李　莲

副主编：周淑磊　　马　洁

编　者：蔺宏星　　任海萍　　辛振宇　　熊国菊

　　　　当周尖措　段迎珠　　丁启含　　张　萌

　　　　扎西德乐　仁青措　　薛才华　　王莉莉

　　　　何黎红　　拉毛加

# 前言

2021年3月,习近平总书记在参加全国人民代表大会青海代表团审议时强调,把坚持生态优先,推动高质量发展,创造高品质生活部署落到实处,在推动青藏高原生态保护和可持续发展上不断取得新成就,书写新时代青海新篇章。同年6月,习近平总书记在青海考察时提出要加快绿色有机农畜产品输出地建设。为践行习近平总书记青海考察重要讲话精神,黄南藏族自治州委、州人民政府高度重视,认真研究,抢抓机遇,举全州之力打造绿色有机农畜产品示范州,经过精心准备和谋划,参加并通过了由青海省政府组织的"青海省绿色有机农畜产品输出地先行示范区"试点建设现场答辩。

为了加快推进输出地建设,黄南州委、州政府充分结合黄南实际,提出了"提质、稳量、补链、扩输"的农畜产品输出地建设总体思路。为了更好地贯彻州委州政府的要求部署，我们通过总结归纳编写了这本指导手册，主要介绍了黄南州基本情况、自然禀赋、主要和特色农作物种植技术、技术规范等。

全书编写内容深入浅出、通俗易懂、技术简明、可操作性强，使黄南州广大农业工作者看得懂、用得上。

本书编写过程中参阅了黄南藏族自治州广大学者、农业工作者所著资料和出版的书籍，在此一并表示感谢。

编　者

2024年5月

# 目录 CONTENTS

## 第一篇 自然概况

第一章　地理位置 ·················· 3

第二章　地形地貌 ·················· 4

第三章　气候条件 ·················· 5

第四章　土地状况 ·················· 7

第五章　自然资源 ·················· 12

## 第二篇 黄南州农业发展成效及规划

第六章　"十三五"农业发展成效 ·················· 25

第七章　"十四五"农牧业规划 ·················· 28

# 第三篇　主要农作物种植管理技术

## 第八章　粮油作物 ·················································· 37
- 第一节　春小麦栽培技术 ······································ 37
- 第二节　青稞栽培技术 ·········································· 42
- 第三节　黑青稞栽培技术 ······································ 46
- 第四节　春油菜栽培技术 ······································ 49
- 第五节　芦笋栽培技术 ·········································· 53
- 第六节　马铃薯优化栽培技术 ······························ 58
- 第七节　燕麦与箭筈豌豆混播栽培技术 ·············· 62
- 第八节　苜蓿栽培技术 ·········································· 67
- 第九节　荷兰豆栽培技术 ······································ 70
- 第十节　青贮饲用玉米高产栽培技术 ·················· 75

## 第九章　中藏药材 ·················································· 81
- 第一节　川赤芍栽培技术 ······································ 81
- 第二节　藏木香栽培技术 ······································ 90

## 第十章　农业生产实用技术 ·································· 95
- 第一节　马铃薯机械化生产技术 ·························· 95
- 第二节　马铃薯贮藏关键技术 ······························ 98
- 第三节　蔬菜有机肥替代化肥技术 ···················· 102
- 第四节　设施蔬菜水肥一体化技术 ···················· 104
- 第五节　农业秸秆资源化利用技术 ···················· 109
- 第六节　蔬菜集约化育苗技术 ···························· 113

第七节 青贮玉米纪元8号丰产栽培技术 …………………… 117
第八节 特早熟优质甘蓝型杂交油菜丰产栽培技术……… 121
第九节 高寒地区燕麦饲草生产全程机械化集成技术…… 124
第十节 高寒牧区机械化"圈窝"种草技术 ………………… 128
第十一节 高寒地区青贮玉米栽培及加工技术…………… 130
第十二节 马铃薯病虫草害绿色防控技术………………… 133
第十三节 温室蔬菜病虫害综合防治技术………………… 135
第十四节 设施蔬菜冬季生产技术………………………… 139

# 第四篇 农业生产技术规范

## 第十一章 农药 …………………………………………… 147
第一节 黄南州蔬菜生产加强农药安全间隔期管理……… 147
第二节 黄南州农药科学使用知识………………………… 148
第三节 黄南州绿色食品农药使用准则…………………… 153
第四节 国家禁用和限用的农药名单……………………… 166

## 第十二章 化肥 …………………………………………… 176
第一节 黄南州"两减"行动粮油作物施肥技术要点…… 176
第二节 黄南州"两减"行动蔬菜施肥技术要点………… 178
第三节 黄南州"两减"行动粮油作物病虫害绿色
防控技术要点………………………………………… 180
第四节 黄南州"两减"行动蔬菜病虫害绿色防控……… 186

第五节　黄南州"两减"行动蔬菜病虫害绿色防控
　　　　物理防治使用说明……………………………………190
第六节　"双减"行动农作物施肥技术……………………………198
第七节　"双减"行动大田作物病虫害绿色防控技术……201
第八节　黄南州商品有机肥技术参数……………………………207
第九节　黄南州有机叶面肥技术参数……………………………208
第十节　黄南州畜禽粪便自制堆肥………………………………211
第十一节　黄南州有机肥核查抽检方案…………………………213
第十二节　黄南州农药包装废弃物回收处理管理办法……219

参考文献………………………………………………………………224

# 第一篇

## 自然概况

# 第一章　地理位置

　　黄南藏族自治州（以下简称黄南州）位于青海省东南部，位于北纬34°03′~36°10′，东经100°34′~102°23′，因地处黄河之南而得名。黄河从青海巴颜喀拉山发源后，流经青海省南部，到川西北为岷山所阻而西折，经甘肃省甘南藏族自治州（以下简称甘南州）又迂回到青海省，形成九曲黄河第一弯，美丽富饶的黄南州即位于这个右旋弯曲部之南岸。它是以藏族为主的多民族聚居区，资源丰富，钟灵毓秀，人杰地灵。处于青、甘、川三省接合部，东北部与海东市化隆、循化两县为邻，东南部与甘肃省甘南州夏河、碌曲、玛曲三县接壤，西北部海南藏族自治州（以下简称海南州）贵德、贵南、同德三县相邻，西南部与果洛藏族自治州（以下简称果洛州）玛沁县相接；北距省会西宁市159 km，南距四川省九寨沟610 km，处于西宁市至九寨沟景区的旅游黄金走廊上，是青海省连接大西南的战略"桥头堡"。黄南州东西宽175 km，南北长235.3 km，总面积1.82万km²，占青海省总面积的2.61%。黄南州正式成立于1953年12月22日，1959年1月确定了黄南州直辖四县暨尖扎县、同仁市、泽库县、河南蒙古族自治县的行政管理区域。

# 第二章　地形地貌

黄南州地处青南高原，地形复杂，地貌多样。以中部麦秀山为分野，呈现出南高北低的走势。南部为比较单一的东西构造带，发育着一系列东西走向的褶皱和断裂，向东北方向延伸并逐渐减弱，地貌起伏较小，坡度平缓，草原广阔，平均海拔在3 800 m以上，属古冰川侵蚀作用为主的中高山构造区，是秦岭山系南支西倾山的西延部分。北部山势陡峻，多中切割高山、峡谷、山间台地。以西北构造为主，广泛分布着西北向的褶皱和断裂，河流湍急，形成以流水作用为主的侵蚀构造中山区，是黄南州的粮食、蔬菜、瓜果主产区。最高海拔点为泽库县的杂玛日岗山峰，海拔4 971 m；最低海拔为隆务河注入黄河处，海拔1 960 m。黄南州地貌以其形态可分为河谷阶地、浅脑山地、高山山地、高原平地四类。河谷阶地主要分布于黄河、隆务河及支流沿岸，海拔2 000~2 500 m，面积为270.93 km$^2$，占全州土地面积的1.46%；浅脑山地主要分布于北部黄河一侧和隆务河河谷两侧的河谷高阶地与高山的过渡带，海拔3 500 m以下，面积2 512.09 km$^2$，占全州土地面积的13.52%；高山山地主要分布于南部和西南边缘地区，地势高耸、山坡陡峭、地面起伏悬殊，海拔3 500 m以上，面积7 392.75 km$^2$，占全州土地面积的39.82%；高原平地分布于海拔3 200~3 900 m的高原滩地，面积8 394.7 km$^2$，占全州土地面积的45.20%。

# 第三章 气候条件

黄南州属高原大陆性气候区，其主要特点是：雨热同季、干湿季差别明显，热量不足、无霜期短，降水变率大、时空分布不均，光照时间长、日光辐射强，冷季漫长干冷、暖季短促润凉。由于地势南高北低，地区气候差异明显，大致可分为南部和北部2个气候区域，南部河南县和泽库县属于高原亚寒带湿润气候区，北部同仁市和尖扎县除高山区外，大部分地区属于高原温带半干旱气候区。

## 一、气温

黄南州气温随海拔增高而递减，北部黄河、隆务河中下游河谷地带年均气温4~8℃，中部及南部的高山、滩地年均气温在0℃以下，其余地区为过渡区，年均气温0~4℃。全州日均气温在7℃以上的天数，北部为230~260 d、南部少于160 d、过渡区160~230 d。随着全球气候变暖，黄南地区年平均温度与历年平均气温相比，也在逐年递增。

## 二、降水量

黄南州降水由北向南随海拔增高而递增，北部黄河、隆务河河谷带一般为380~450 mm，中部500 mm左右，南部达600 mm以上。降水多集中在6—9月，其中7—8月最多，占全年降水的

45%。黄南地区年平均降水量与历年平均值相比偏多一成。

## 三、太阳辐射量

黄南州年日照时数2 225.1~2 379.1 h，年太阳辐射量为591.90~653.14 kJ/cm$^2$，辐射最大值出现于5—6月，平均每天达1 549.00~1 968.00 kJ/cm$^2$。

## 四、无霜期

全州无霜期187~297 d，其中北部无霜期278~297 d，南部无霜期187 d。随全球平均气温的升高，无霜期有逐年延长趋势，2020年无霜期达300 d左右。

# 第四章 土地状况

## 一、概况

黄南州土地总面积1.82万km$^2$，占青海省总面积的2.61%。全州土壤划分为11个土类，26个亚类，38个土属，46个土种，主要土壤类型有高山草甸土、山地草甸土、灰褐土、黑钙土、栗钙土、灰钙土、灌淤土等。高山草甸土带及山地草甸土带为牧区放牧草地；栗钙土、灰钙土、黑钙土带为农作物种植区。全州耕地面积32.1万亩（1亩≈667m$^2$，全书同），其中水浇地5.6万亩，占17.4%；浅山地7.5万亩，占23.4%；脑山地19.0万亩，占59.2%。

### （一）栗钙土

栗钙土主要分布在北部海拔2 400～2 800 m，以及泽库县西北部边缘海拔3 300～3 400 m的地带，自然植被为温性草原，以多年生丛生禾本科植物为主，植被盖度20%～60%。成土母质为黄土、黄土状物。泽库县西部巴滩地区有冲积、洪积物。

栗钙土基本成土过程与黑钙土相似，但腐殖质积累过程已渐弱化，钙化过程相对增强。剖面由栗色腐殖质层、白灰黄色钙积层和母质层组成。腐殖质较薄，含量较黑钙土低，一般为2%～6%，土壤肥力中等。碳酸钙淀积层位高，一般出现深度20～55 cm，厚度20～50 cm，碳酸钙新生体淀积形态为斑点和假菌丝状。全剖面有碳酸钙反应，pH值为8.3左右，质地为轻—中壤。

栗钙土带是本州大部分农作物种植区，而该类土壤干旱，因此，提高土壤蓄水和引水灌溉是农业生产的关键措施。

（二）灰钙土

灰钙土是土壤垂直带谱的基带土壤。主要分布在黄河、隆务河海拔2 450 m以下河谷阶地及谷地，自然植被以多年生禾本科植物为主，植被盖度20%左右。成土母质多为黄土，局部地区有红土分布。

灰钙土剖面层次分异不明显，钙积层位浅，多在15~25 cm处出现，厚度20~60 cm。碳酸钙新生体多呈斑点状，土体下部多有石膏聚积，腐殖质层亦不明显，表层有机质含量2%左右。通体富含碳酸钙，呈碱性反应。灰钙土土表覆盖有较薄的风成沙或小沙包，地表见有微弱隙缝与薄假结皮，并着生一些地衣、苔藓等低等植物。土壤结构差，多为轻壤土。

灰钙土带热量条件好，引水灌溉后，可种植粮食、蔬菜、瓜果等多种作物。

（三）黑钙土

黑钙土主要分布在山地草甸土以下、栗钙土带以上，海拔2 900（3 000）~3 400（3 450）m的黄河、隆务河流域的脑山地区，因地形条件变化，多呈不连续的犬齿状展布特征，自然植被为草甸草原，植被盖度较高，一般为60%~80%。成土母质为黄土状物和坡积物。

黑钙土的成土过程为腐殖质积累和钙化过程，在人为耕作活动影响下，形成不同程度熟化过程的耕作土壤。黑钙土剖面层次清晰，由腐殖质层、腐殖质舌状淋溶层、腐殖质过渡层、钙积层和母质层构成。腐殖质层较深厚松软，有机质含量5%~14%；钙积层明显或不明显，见有假菌丝状、斑点状碳酸钙新生体。

黑钙土自然潜在肥力高，由于降水较多，季节集中，土壤含水量较大，滞水性强，土壤通气不畅且冷凉，会影响土壤中微生物活动和腐殖质分解，因而不利于栽培作物生长发育。经人为开垦熟化后，改善了土壤理化状况，消除或减少了土壤过多水分，增加了土壤微生物的种类、数量和活动程度，促进了土壤腐殖质的分解，提高了土壤有效肥力。随着土壤熟化程度的加深，农作物的产量也随之提高。

（四）灌淤土

灌淤土是其他土壤经灌淤、耕作、施肥而形成的高度熟化农业土壤。主要分布在黄河、隆务河中段低阶地河谷地区。

该土类剖面构型基本上由灌淤熟化层和埋藏层组成，质地均一，多中壤—重壤土。灌淤土多发育在灰钙土带，浇灌的水源经过浸蚀区，泥沙含量高（平均含泥沙$7 \sim 9 \ kg/m^3$），大量泥沙随水流进入耕地，经落淤、施土杂肥，经耕作与表土混合，天长日久（耕灌历史一般为300~500年），逐渐积淀形成深厚的灌淤层，层厚>60 cm。农业开发较早的昂拉、康杨、麻巴、保安等地的灌淤层厚度达2 m左右。耕作层有机质含量2%左右，全氮含量0.10%~0.08%，全钾2.0%~2.7%，且养分含量变幅小，碳酸钙含量高，分布较均匀，pH值为8.0~8.5。

## 二、土壤种类和分布

同仁、尖扎两市县土壤受地形、气候、植被类型或成土母质等诸多因素影响，种类和分布较为复杂，具有明显的水平和垂直分布规律。灌淤土、灰钙土、栗钙土、黑钙土等土壤主要分布在隆务河、黄河谷地及中山带。自然土壤腐殖质积累明显、潜在肥力高，一般表层有机质含量4%以上，速效磷在7 mg/kg以下，速效钾101~260 mg/kg；耕作土壤养分一般是缺磷、氮不足、钾丰富；耕作层含速效磷8~20 mg/kg、碱解氮40~90 mg/kg、速效钾230~330 mg/kg。各类土壤微量元素、有效铁、钾、铜丰富，局部地区土壤有效硼不足，部分地区土壤缺有效锰、锌，大部分土壤有效钼低，所有土壤有效硒缺乏。

## （一）低位川水

主要分布于尖扎县黄河河谷，李家峡东南至昂拉乡隆务河口一带谷地、海拔2 000~2 300 m，光热资源较丰富，年日照时数2 650~2 850 h，年平均气温7.0~8.4 ℃，最暖月7月平均气温19.5~22.0 ℃，最冷月1月平均气温-8.0~-7.5 ℃，全年日平均气温稳定通过0 ℃的时间245 d左右，年降水量340~380 mm，无霜期195 d，植物生长季长达250~280 d。适宜种植春小麦、冬小麦、青稞、豆类、蔬菜等作物，是黄南州设施蔬菜、瓜果生产的主要区域，夏收后尚有3个月左右的时间适宜种植短生育期作物。

## （二）高位川水

主要分布于尖扎县坎布拉镇河谷和同仁市隆务河中游谷地，海拔2 200~2 600 m。与低位川水地区相比，热量稍差、降水量增多。年均气温6.4~7.5 ℃，最暖月7月平均气温17~19 ℃，最冷月1月平均气温-14.3~-13.0 ℃；植物生长期220~250 d，≥0 ℃的积温为2 900~3 000 ℃·d；年降水量380~450 mm。适宜种植春小麦、青稞、豆类、油菜、马铃薯等。

## （三）浅山地区

大部分分布在黄河、隆务河河谷两侧，海拔2 700 m以下地带，是植被覆盖度低、山地坡度大、水土流失严重、土壤瘠薄、干旱灾害发生频繁的地区。年平均气温4~7 ℃，≥0 ℃的积温为1 900~2 000 ℃·d，无霜期125~140 d，年日照时数2 675~2 800 h；年降水量380~470 mm；分布的主要土壤是栗钙土。适宜种植春小麦、青稞、油菜、马铃薯、胡麻等作物。

（四）脑山区

分布在海拔2 700~3 200 m的山坡、沟脑和山前冲积扇，是黄南州农业海拔最高种植区。气温低、降水多、湿度大、植被覆盖度高，年平均温度2~3.5 ℃，年日照时数2 600~2 800 h，≥0 ℃的积温为1 500~1 900 ℃·d，年降水量450~550 mm。主要种植青稞、小油菜、豌豆等作物，海拔较低的地段也可种植春小麦。

# 第五章 自然资源

## 一、资源概况

### （一）植被资源

黄南州植被受气候、地貌和土壤等多种因素的制约，并具有高寒特征，具有适应严酷环境的地区性。同时，受周围环境的影响，汇集了大量邻近地区植物区系成分，又具有一定的复杂性和多样性。

全州植物区系的主要地理成分有5种：①旧大陆温带成分：以草本植物为主，也有部分灌木和小乔木。常见的灌木及小乔木有沙棘、丁香、水柏枝等。常见的草本植物有长芒草、沙生针茅、白莲蒿、扁穗冰草、芨芨草、鹅观草等。②中国—日本成分：常见的植物有小叶杨、红桦、白桦、青海云杉、山杏、黄蔷薇、羽叶丁香、甘肃小檗、柽柳、西伯利亚远志等。③中国—喜马拉雅成分：常见的植物有金露梅、银露梅、高山嵩草、线叶嵩草、甘肃棘豆、短轴嵩草、千里香杜鹃、短穗兔耳草等。④北极高山成分：常见的植物有珠芽蓼、圆穗蓼、矮火绒草、银莲花、雪白委陵菜等。⑤地中海成分：主要是第三纪以来强烈旱化植物，常见的有白刺、骆驼蓬、红砂、驼绒藜等。

黄南州植被分区，按全省大范围划分，泽库、河南两县及同仁市东部瓜什则、多哇两乡基本上属青南高原寒温性针叶林、高寒灌丛、高寒草甸区中的玛沁和玉树高寒灌丛、高寒草甸地带；尖扎县、同仁市大部属青海东北部和青南高原西部草原区中的青海东北部温性草原亚区，又分属于该亚区的湟水—黄河流域森林、温性草原地带。以范围划分，植被大致可划分为北部、南部两区。北部为温带草原区，主要包括尖扎县、同仁市和泽库县东北部的黄土覆盖区，具有明显的大陆气候型植被类型。在山地垂直带上则分布有温性和寒温性森林；南部高寒草甸区，植被主要以高山蒿草、线叶蒿草、矮生蒿草等建群种组成的大面积高寒草甸，另外，还分布以垫状点地梅和多种雪灵芝等组成的高山垫状植被。

（二）农作物资源

黄南州的农作物种类较少，主要有小麦、青稞、豌豆、蚕豆、大麦、马铃薯、油菜、胡麻等。根据调查，全州保存和现有的粮油作物品种（系）共有260余份，目前在生产上种植的作物品种有春小麦25个、冬小麦5个、青稞9个、大麦1个、豌豆7个、马铃薯8个、油菜12个、其他102个。

1. 春小麦

春小麦是黄南州内农业区主要的粮食作物。2022年的种植面积为6.58万亩，占粮食作物播种面积的50%。主要品种有阿勃、高原448、高原602、高原437、青麦7号，其中阿勃为目前全州的当家品种。

2. 青稞

2022年全州播种面积为5.12万亩，占粮食作物播种面积的41.82%。主要品种有肚里黄、白六棱、127、昆仑13号、黑青稞等。

3. 马铃薯

2022年种植面积为1.08万亩，占粮食作物播种面积的8.82%。

主要品种有青薯7号、沃土5号等。

4. 油菜

油菜是全州主要的油料作物之一。2022年种植面积为6.2万亩，占油料播种面积的99.76%。主要品种青杂4号、青杂7号、青杂14号。

5. 冬小麦、大麦

均种植在北部黄河河谷较暖的川水地区。冬小麦的主要品种有中农19号、晋麦20号、晋麦27号。

6. 蔬菜、瓜类作物

主要集中种植在川水地区的同仁市、尖扎县两地人口密集的村社。蔬菜有50余个品种，瓜类有30余个品种。

7. 饲草、饲料作物

在南部牧区两县进行大面积种植，北部两地也有小面积种植。种植的饲草以垂穗披碱草、短芒老芒麦、草地早熟禾、青海鹅观草、紫花苜蓿等多年生牧草为主，其次为一年生的燕麦。

8. 经济树种

主要栽植在同仁市、尖扎县海拔2 500 m以下的河谷阶地。计有苹果、沙果、梨、杏、枣、桃、花椒、核桃等。20世纪90年代以来，特别是近几年经济效益高的核桃栽培发展很快，尖扎县已完成"万亩核桃"。

（三）动植物资源

黄南州约有种子植物1 190种，分别隶属于94科，428属。其中含种数多的大科，按顺序排列是：菊科、禾本科、毛茛科、蔷薇科、豆科、十字花科、虎耳草科、伞形科、龙胆科、唇形科、玄参科、莎草科和百合科。在种子植物中，木本植物140余种，分属36

科、71属，种子植物中有经济价值的300余种，主要是药用植物，如大黄、秦艽、冬虫夏草、马勃、雪莲、贝母、党参、黄芪、羌活、甘草、刺五加等；纤维植物主要有鬼箭锦鸡儿、马蔺、狼毒、赖草等；淀粉植物有蕨麻、山丹等；野果野蔬植物有桑叶葡萄、四萼猕猴桃、山杏、草莓、山荆子、荨麻、冬葵等；还有香料植物、蜜源植物及化工原料植物等。由于黄南州森林环境比较优越，有70%以上的野生经济植物分布在林区。杜鹃、金露梅、沙棘、短叶锦鸡儿等分布于林区，常独自成林且面积较大。

黄南州野生动物种类繁多，著名的有盘羊、苏门羚、岩羊、白唇鹿、马鹿、麝、猞猁、棕熊、雪豹、石貂等，其他动物有旱獭、水獭、狼、狍、松猫、黄羊、松鼠、高原兔、豺、寒带蛇、草原鼠类等。

属于国家保护的珍禽有鹤、天鹅、鹰、雉、蓝马鸡、雪鸡等。一般禽类有鸽、鹊、雀、鹞、石鸡、斑鸡、猫头鹰、啄木鸟等；属季节性的或称候鸟的有野鸭、布谷鸟、燕等。

鱼类有青海湟鱼（裸鲤），多产于黄河、隆务河、泽曲河等河流内。此外尚有种类很多的高原昆虫类及其他小爬虫类动物。

（四）中药材资源

黄南州的中药材资源品种较多且分布广泛，其中的一些中药材储量（产量）可观。根据近几年对中药材的调查和统计，共有植物、动物、矿物三大类中药材710种，其中植物药82科579种，动物药52科105种，矿物药26种。

在药用植物中，藻菌类有5科8种，地衣植物门有1科1种，蕨类植物门有5科8种，裸子植物门有3科9种，被子植物门68科553种。

在药用动物中，环节动物门有2科2种，软体动物门1科1种，节肢动物门有16科19种，脊椎动物门有33科83种。

在全国统一组织普查的368个中药品种中，黄南州内有82种，占22.3%，其中药用植物有白芍、党参、红花、丹皮、北沙参、枸杞子、贝母、白扁豆、黄芪、大黄、百合、甜杏仁、款冬花、天仙子、桃仁、苦杏仁、牛蒡子、佛手参、秦艽、青川椒、薄荷、旋覆花、萱草根、瞿麦、远志、赤芍、葶苈子、南沙参、甘草、玉竹、黄精、羌活、蒲黄、五加皮、苍耳子、麻黄、透骨草、老鹳草、萹蓄、马勃、水红花子、艾叶、草乌、柏子仁、冬葵子、升麻、茜草、骨碎补、甘松、地榆、贯众、葫芦巴、仙鹤草、木贼、急性子、狼毒、益母草、北柴胡、瓦松、地肤子、鹤虱、刀豆、马尾莲、香薷、冬春夏草、侧柏叶、茺蔚子。

药用动物6种：鹿茸、五灵脂、麝香、全蝎、蟾酥、露蜂房。

药用矿物8种：石燕、石蟹、炉甘石、雄黄、朱砂、石膏、寒水石、禹粮石。

青海省重点调查的47个点中药材品种中，黄南州有35种，占74.5%，其中药用植物20种，有藏茵陈、湿生扁蕾、花锚、杜鹃、唐古特山莨菪、茶绒、沙棘、雪莲、黄刺皮、麻黄根、车前子、败酱草、牵牛子、莱菔子、芥子、地骨皮、蒲公英、大蓟、小蓟、火麻仁。

药用动物13种：鸡内金、熊胆、熊掌、熊骨、豹骨、牛黄、牛肾、牛胆汁、羊胆汁、牛羊草结、鹿角、鹿肾、鹿尾。

药用矿物2种：龙骨、磁石。

州内蕴藏上述710种中药材储量，据测算野生植物药材为4 584.89万kg，家种药材产量为327.85万kg，动物药材为77.13万kg，矿物药材为67.6万kg，共计三大类，中药材储量为5 057.47万kg。

黄南州所产野生植物药材中，杜鹃产量最高，四市县内均有分布，且质量上乘；甘松集中产于河南县，密度大，储量多，采挖方便；秦艽和狼毒产量也很高，质量亦好，但生长分散，单位面积产量不高；香薷也广泛分布，植株高大，生长密集；羌活、茜草均生长于林区，分布集中，采挖方便；其他如湿生扁蕾、花锚、柴胡、蒲公英分布广，但不集中且个体小。名贵药材如冬虫夏草集中生长在海拔3 900 m左右的高山草甸地带，据估算其蕴藏量全州4万kg左右，质量较好，但个体较小（每千克5 000个左右）。鹿茸、麝香、牛黄等年产量都很低。枸杞子产量在1 000 kg左右，但果实小味微苦，质量不佳。

## 二、县情概览

### （一）同仁市

同仁市东与甘肃省甘南州夏河县为邻，西接贵德县，北和循化县、尖扎县接壤，南连泽库县。共有12 688户，64 617人，占全州总人口的37.45%。

同仁市位于黄南州东北部，地处青海省东部农业区与青南牧区交接地带。西倾山脉北麓的阿米德合隆山和夏琼山由南北两侧延伸，构成东、西部山区。隆务河纵贯全市南北，流长46.6 km，为市内最大河流。黄南州山峦迭起，地貌复杂多样，地势南高北低。阿米夏琼山为全市最高点，海拔4 767 m，麻巴乡麻巴沟口海拔2 160 m，为最低点，相对高差为2 607 m。

自然条件具有明显的地域差异和垂直变化特征。地形可分为河谷川地、低中山沟壑浅山、中高山、高山4个区域。气候属于凉温与冷温半干旱区。2022年，年均气温7.8 ℃，最暖的7月平均气温26 ℃，酷热日>30 ℃。最冷的1月平均气温-4 ℃，日照时数2 337.7 h，蒸发量1 231.6 mm，无霜期230 d，冰雹日数1 d，年降水量455 mm、降水最多的8月为92.7 mm，降水最少的12月为0.1 mm。

同仁市的自然资源为经济发展提供了良好的前景。一是，耕地面积11.26万亩，其中水浇地2.6万亩，占23%。随着农耕条件的改善，川水地区是粮食高产区之一，除粮油生产外，还适于蔬菜、瓜果的种植。浅山耕地面积占一半，增产潜力很大。二是，可利用草地面积415.8万亩，占草地面积的97.11%、常见牧草65科、246属、416种，具有"三高一低"（粗蛋白、粗脂肪和无氮浸出物高，粗纤维低）的特点，营养丰富，适口性强。家畜品种有牦牛、黄牛、藏系绵羊、山羊、马、驴、骡等，总头数为36.4万头（只）；每年产有大宗畜产品，为发展转场育肥和畜产品加工业提供了物质基础。三是，林地总面积45 922 hm$^2$，森林覆盖率为17.7%。四是，水力资源丰富，修建梯级电站条件优越，水能开发潜力很大，仅隆务河在同仁市46 km段内，可建10个梯级电站，总装机4.02万kW，已建电站3座，装机5 924 kW，仅开发14.74%。以水能资源的开发为龙头，能带动相关工业的发展，将促进全市经济实力的增强。五是，野生动植物资源丰富。219种药用植物分布全市各地，雪莲、冬虫夏草、黄芪等贵重药材富集。野生动物中有香獐、雪鸡、蓝马鸡等珍稀动物。六是，著名的隆务寺、闻名中外的"热贡艺术"、同仁藏乡"六月会"、铁城山古堡遗址、西卜沙温泉，还有十多处列为省级文物保护单位的文化遗址等，构成了丰富多彩、独具特色的自然景观和人文景观。初步形成的全州由北向南，并通往甘肃、四川的旅游路线，正在逐步改善的隆务镇区旅游设施，方便了中外旅游者前来观光和进行学术考察。

## （二）尖扎县

尖扎县位于青海省东南部，地处黄南州北部黄河河谷地区。北与化隆县隔河相望，东与化隆县毗邻，东南与循化县接壤，南与同仁市毗邻，西与贵德县相连。地理坐标为北纬35°39′~36°10′，东经101°37′~102°08′。南北约长87 km，东西宽48 km，总面积1 675.4 km$^2$，占全州土地面积的9.03%。

尖扎县西部，由北向南再向东排列着扎马山、申宝山、折扎里山、尼浪山，形成天然隆脊。西部高，东部低。地势高峻，山峦叠起，地貌复杂多样。地势由东部黄河阶地向西迭次升高。东部海拔最低点为隆务河口，海拔1 960 m，西部最高点为申宝山主峰，海拔4 614 m，从生长雪莲的山顶到种植西瓜的谷地，水平距离仅22.5 km，而垂直高差达2 534 m，平均坡度11.4%。

按照自然地理条件形成了黄河沿岸川水地和浅山、脑山地两个种植区。耕地面积7.97万亩，其中，水浇地3.02万亩，占37.89%；浅山地3.55万亩，占44.54%；脑山地1.41万亩，占17.69%。农作物资源主要有小麦、青稞、大麦、油菜、胡麻、豌豆、蚕豆、马铃薯、谷子、荞麦、甜菜及各种蔬菜、瓜果、各种饲料作物。

## （三）泽库县

泽库县位于青海省东南部，黄南州中部。地处北纬34°45′~35°32′，东经100°34′~102°8′。东西长142 km，南北宽85 km。土地总面积6 538 km$^2$，占全州土地面积的35.25%。

泽库地处青南高原西倾山北麓，夏德日山自南向北延伸。山峦重叠，地势高峻，地貌复杂多样，地势由东向西倾斜。东北部山高沟深，群山连绵，蜿蜒起伏，群峰多在海拔4 000 m以上；西南部地势开阔较为平坦。黄南州的中南部河流多源出于泽库东北部高山区。黄南州内大部分地区海拔3 500 m以上，最高点为杂玛日岗峰，海拔4 931 m，也是全州最高点；最低点在多福顿乡境麦秀河出境处，海拔2 800 m，相对高差2 131 m。2022年，平均气温0.1 ℃，最暖7月平均11.0 ℃，最冷1月平均为-12.3 ℃；日照时数2 490.5 h；蒸发量1 261.1 mm；无霜期90 d左右；冰雹日数3 d；年降水量460.2 mm，降水量最多的7月为98 mm，12月降水最少。

泽库县草原面积964.3万亩，占土地总面积的98.33%，其中，可利用草原面积为904.4万亩。围栏草地面积45.37万亩，人工草地3万亩。天然草地植物种类丰富，有47科114属303种。牧草品质好，营养成分高，草地利用率较高。森林面积65 025 hm$^2$，森林覆盖率为8.80%。

野生动物种类多，生态价值高，主要有苏门羚、雪豹、野兔、猞猁、水獭、麝、岩羊、旱獭、白鼬、狐、沙狐、松鼠、草猫、狍子、鼯鼠、黄羊；禽有雉鸡、雪鸡、蓝马鸡、石鸡、高原山鹑、岩鸽、野鸭、灰鹤、秃鹫和兀鹫。野生植物中名贵药材主要有冬虫夏草、雪莲、大黄、党参、当归、羌活、贝母、秦艽、黄芪、杜鹃、远志、马勃等200余种；野生食用植物有蘑菇、蕨麻等。

### （四）河南蒙古族自治县

河南蒙古族自治县（以下简称河南县）位于青海省东南部，州境南端。东接甘肃省夏河县、碌曲县，东南与甘肃省玛曲县为邻，西南与果洛州玛沁县相连，西与海南州同德县接壤，北靠泽库县。地理坐标为北纬34°31′～34°55′，东经100°53′～102°15′。土地总面积7 060.5 km$^2$，占全州土地面积的38.07%。

河南县地处青南高山区，山脉连绵，蜿蜒起伏，地势呈东北高，西南低，大部分地区在3 600 m以上，最高点为莫尔藏阿尼山塞曲乎峰，海拔4 539 m，最低点在西部宁木特乡黄河岸，海拔3 168 m，相对高差1 371 m。黄南州主要山脉以西倾山支脉为主，河流有黄河及其支流泽曲河、洮河等数十条。全县按地势分为3个地区，其中，山地占总面积的76.8%、丘陵7.5%、滩地15.7%。

草原面积1 028.3万亩，其中，可利用草原面积971.4万亩，占草地面积的94.46%。天然草地牧草丰茂，草场等级高，单位面积产草量高，草质良好，营养成分高，为青海省优良牧场之一。林业资源匮乏，在宁木特乡黄河沿岸仅有小块乔木林地，有云杉、圆柏、山杨等。灌木林和乔木林面积约28 609 hm$^2$，森林覆盖率为4.30%。

野生动植物资源丰富，主要有马鹿、白唇鹿、马熊、雪豹、金钱豹、麝、麋鹿、黄羊、羚羊、旱獭、灰狼等。禽有雪鸡、灰鹤、马鸡、天鹅、百灵等。野生植物有冬虫夏草、党参、手掌参、大黄、麦冬、秦艽、黄芪、贝母、羌活、雪莲等300多种，还有蕨麻、蘑菇等食用植物。

# 第二篇

## 黄南州农业发展成效及规划

# 第六章 "十三五"农业发展成效

"十三五"以来,全州全面落实"一优两高"发展战略,奋力打造山水黄南,高质量推进"三区建设",以质量兴农、绿色兴农、科技兴农为重点,率先创建全域绿色有机农畜产品示范州,农牧业规模化效益持续增加,创新型经营趋势明显提升,群众收入稳定增长,如期完成了"十三五"规划确定的农牧业发展各项计划,为如期打赢脱贫攻坚战、全面推进乡村振兴、全面建成小康社会提供了有力支撑。

## 一、夯实基础,农牧业综合生产能力再创新佳绩

2020年,全州第一产业增加值达到30.27亿元,较2015年增加10.10亿元,年均增长5%,累计落实农牧业发展资金18.30亿元。划定永久基本农田23.0万亩,重要粮食生产功能区6.0万亩,建成高标准农田1.9万亩,建立小麦良种繁殖基地0.4万亩;农作物播种面积稳定在25.67万亩,全州粮食总产量达到3.19万t,较"十二五"末增加0.28万t。推进设施农牧业建设,建成日光节能温室3 900栋,打造省级"菜篮子"生产基地8个,蔬菜总产量达到1.6万t,较2015年增加0.3万t。畜产品产量稳步提高,建成畜棚1.27万栋,发展畜禽规模养殖场153家,全州各类牲畜存栏168.53万头(只),出栏各类牲畜74.05万头(只);肉类总产量3.41万t,牛奶产量3.79万t。冷水养殖快速发展,建成沿黄李家峡、直岗拉卡、康杨水库水产养

殖带，水产品产量达到1 000 t。饲草保障能力稳步提升，"粮改饲"规模增至5.3万亩，年产青贮玉米突破万吨。

## 二、积极作为，绿色有机农畜产品示范州成为新样板

紧抓机遇，厅州共建全省绿色有机农畜产品示范州，与中国绿色食品发展中心共同建立黄南州创建国家绿色有机农畜产品示范州共建机制，启动实施全省绿色有机农畜产品示范州三年行动，实现化肥农药减量增效、牦牛藏羊原产地质量追溯、农牧业废弃物资源化综合利用和农牧业保险四个全覆盖，在绿色有机农畜产品示范省建设上抢得先机。截至2020年年底，完成化肥农药减量增效19.1万亩，测土配方施肥11.0万亩，全州70%的耕地实现有机肥全替代，畜禽粪污综合利用率达到75.0%，秸秆综合利用率、农膜回收率分别达到86.5%和87.0%。建立了食用农产品合格证生产主体名录，实现农产品"带证上市"，农产品质量安全监测合格率稳定在97.0%以上。黄南州绿色有机农畜产品示范州的全面建设使得全州1 861万亩草场、161万头（只）牲畜全部通过国家有机认证，8.59万亩饲草基地通过认证，43个产品获有机认证，占全省总数的1/4，泽库县被评定为全国生态有机畜牧业示范（县）基地，河南县获批国家有机食品生产基地，黄南州成为全国最大的天然有机牧场之一。

## 三、优化结构，农牧业主导产业得到新发展

围绕油菜、马铃薯、蔬菜、果品、牛羊肉、水产品、饲草料七大优势产业，加快特色农牧业生产基地和产业带建设。稳步推进金黄果、中藏药材、绿色果蔬、核桃"四个万亩"种植基地建设，着力打造牦牛、藏羊、犏牛、生猪"四个万头（只）"养殖基地，启

动建设尖扎县"万头生猪"养殖场,"菜篮子"品种进一步丰富,饲草生产能力稳步增加,加快构建"粮经饲"统筹、"种养加销"一体、农牧循环互补的现代畜牧产业体系。培育标准化有机养殖示范场19处,选育优良畜种核心群54群,牦牛、藏羊产业加快发展。大力唱响"山水黄南、绿色农牧"品牌主旋律,"雪多牦牛""欧拉羊"入选国家畜禽遗传资源名录,助力中国藏羊之府、世界牦牛之都区域品牌建设。全州地标产品总数达到20个,有机认证产品占全省总量的四分之一,精心打造了2个区域"公用品牌"和"西北弘"等一批知名度很高的有机品牌;三江牧场有限公司等2家企业肉类产品荣获第十四届中国国际有机食品博览会金奖,9个农产品荣获全省绿色有机农畜产品百佳优品称号,绿色有机农畜产品品牌市场占有率稳步提升,在"青"字号农牧品牌建设中的比重越来越大。

# 第七章 "十四五"农牧业规划

## 一、总体目标

到2025年,全州农牧业农牧区现代化建设取得阶段性成果,绿色有机农畜产品生产能力显著提升,输出能力和市场占有率大幅提高,率先建成全国绿色有机农畜产品示范州和全省绿色有机农畜产品输出地先行示范区;高原特色宜居宜业乡村基本建成,农牧区人居环境整治全面完成,乡村面貌发生显著变化;现代化农牧业农牧区发展体制机制更加完善,农牧民收入稳定增加,脱贫攻坚成果巩固拓展,农牧民获得感、幸福感、安全感全面提升;绿色有机畜牧业发展、农牧业循环发展、特色品牌建设、特色产业融合发展、农牧科技支撑服务、乡村治理等领域走在全省前列。

## 二、具体目标

（一）农牧业经济稳步增长

农牧业增加值达到38亿元;农作物播种面积稳定在26万亩,粮油总产量稳定在4.06万t,蔬菜总产量达到1.8万t。

（二）农牧业绿色转型升级

实现化肥农药减量增效、农牧业废弃物资源化利用、农牧业保险、草场有机认证、农产品质量安全检测和牦牛藏羊原产地质量追溯的"六个全覆盖"。农畜产品质量安全例行检测合格率达到95%，绿色食品、有机农产品、农产品地理标志年均增长10%。

### （三）农牧业技术装备增强

新增高标准农田面积4万亩；新增规模化养殖场6万$m^2$，新建和改造畜棚300座以上。农业科技进步贡献率达62%，主要农作物良种覆盖率达99%，畜禽良种覆盖率达到85%。藏羊牦牛养殖设施和高效生产技术覆盖率达到60%以上，农作物耕种收综合机械化率达到70%。

### （四）现代农牧业经营体系初步构建

省级以上农牧业产业化龙头企业达到14家，州级25家。省级以上农牧民专业合作社规范示范社达到65家以上，培育5个以上产业联合社。

### （五）农牧民收入稳定增长

农牧民收入与全州经济发展同步增长，巩固和拓展脱贫攻坚成果同乡村振兴的有效衔接，农村常住居民人均可支配收入达到1.51万元以上；收入结构更加合理，财产性收入不断增加，经营性收入得到了明显提升（表7-1）。

表7-1 黄南州农牧业农牧区"十四五"发展指标

| 序号 | 发展指标 | 2020年 | 2025年 | 指标属性 |
| --- | --- | --- | --- | --- |
| 一 | 稳产保粮保供 | | | |
| 1 | 粮食总产量（万t） | 3.19 | 3.26 | 约束性 |
| 2 | 油料总产量（万t） | 0.60 | 0.80 | 预期性 |
| 3 | 蔬菜总产量（万t） | 1.6 | 1.8 | 预期性 |
| 7 | 耕地保有量（万亩） | 26.00 | 29.55 | 约束性 |

（续表2-1）

| 序号 | 发展指标 | 2020年 | 2025年 | 指标属性 |
|---|---|---|---|---|
| 二 | 农牧业高质高效 | | | |
| 8 | 第一产业增加值（亿元） | 30.27 | 38.00 | 预期性 |
| 9 | 农畜产品加工转化率（%） | 40 | 65 | 预期性 |
| 10 | 畜禽粪污资源化利用率（%） | 75 | 85 | 约束性 |
| 11 | 农作物生产有机肥替代化肥率（%） | / | 100 | 约束性 |
| 12 | 农作物秸秆综合利用率（%） | 86.5 | 95.0 | 约束性 |
| 13 | 高标准农田面积（万亩） | 6 | 10 | 约束性 |
| 14 | 农作物良种覆盖率（%） | 98 | 99 | 预期性 |
| 15 | 主要农作物耕收综合机械化率（%） | 60 | 70 | 预期性 |
| 16 | 农牧业科技进步贡献率（%） | 58 | 62 | 预期性 |
| 17 | 省级专业合作社规范示范社（个） | 44 | 65 | 预期性 |
| 21 | 农村居民人均可支配收入（元） | 10 750 | 15 100 | 预期性 |
| 22 | 高素质农牧民培育数量（万人） | 0.8 | 1.3 | 预期性 |
| 23 | 农牧区创新创业人数（人） | / | 1 000 | 预期性 |

## 三、重要农产品供给的保障能力

### （一）稳定粮油生产规模

聚焦主要品种和优势产区，在科学、合理划定小麦、青稞粮食生产功能区和油菜重要农产品生产保护区的基础上，把"两区"落实到田头地块。对粮食生产功能区和重要农产品生产保护区实行精准化管理，推进农牧业规模化、机械化、科学化、产业化生产经营。实施"藏粮于地、藏粮于技"战略，增强有效供给，加大基本农田保护力度，落实最严格的耕地保护制度，确保现有耕地面积和耕地质量不下降，守住全州29.55万亩耕地红线，重要粮食生产功能区6万亩，粮食种植面积达到12万亩左右。以深入推进农业供给侧结构性改革为主线，优化区域布局和要素组合，促进农业结构调整，提升农产品质量效益和市场竞争力。强化综合生产能力，发展适度规模经营，提高农牧业社会化服务水平，加大"两区"范围内的新型经营主体培育力度，落实粮油种植补贴政策，保护和调动农牧民的种粮积极性，形成布局合理、数量充足、设施完善、产能提升、管护到位、生产现代化的"两区"。

1. 小麦

加快优质粮食绿色生产基地建设，普及推广小麦绿色高质高效种植模式。加快高产、优质、多抗新品种选育推广，重点发展中强筋、中筋品种，推广高效节水、旱作节水、测土配方施肥、水肥一体化、病虫害统防统治、绿色防控等标准化生产技术，提高小麦生产品质和单产水平。到2025年，全州小麦面积稳定在6万亩左右，年产量达到1.8万t。

2. 青稞

以确保牧民口粮和功能性食品为方向，加快高产专用型优质新品种选育，大力推广粮饲兼用型青稞，重点推进黑青稞生产。提高青稞品质和单产，建设全国藏区重要的优质青稞种子繁育基地。加大青稞精深加工产品研发力度，突出青稞营养价值丰富和医药保健功能。重点建设同仁市和泽库县西部优质（黑）青稞主产区。到2025年，种植面积达到5.5万亩，年产量达到1.2万t，加工转化率达到70%。

3. 油菜

强力推进优良品种选育推广力度，在同仁市、尖扎县、泽库县的脑山地区和部分川水地区，创建规模化种植基地。培育和推广杂交油菜，推进杂交新品种选育进程，主攻单产，提高总产，确保油菜生产优质、高产、稳产。到2025年，种植面积达到6.5万亩，年产量达到0.8万t。

（二）提升重要农产品产能

继续按照"基地化、规模化、标准化"的发展模式，重点发展深冬设施蔬菜生产，增加精细菜供给。提升"菜篮子"装备水平，实施老旧温室升级改造项目，因地制宜推进高标准温棚建设，进一步扩大黄河沿岸、同仁隆务河流域蔬菜优势产区的设施蔬菜生产规模。集成先进生产技术，推广应用间作套种及复种高效栽培模式，提高土地利用率，基本满足州内蔬菜需求，增强"菜篮子"产品有效供给能力。稳定已有蔬菜基地面积，建设一批规模较大的标准化特色蔬菜基地，提升设施农业发展水平。调整优化蔬菜种植品种，不断增加"菜篮子"供给和丰富供给品种。集成推广绿色高质高效生产技术模式，提高绿色和有机蔬菜规模。提升蔬菜产业化水平，发展订单蔬菜，加强产销衔接。到2025年，设施蔬菜基地达到5 000亩，蔬菜种植面积保持在1万亩以上，年产量达到1.8万t。

（三）增强有机饲草保障能力

推进与有机畜牧业示范州建设相配套的有机饲草料基地建设，发展优质高产人工饲草地，加快饲草基地有机认证，增加饲草供应和储备，建成全省最大的有机认证饲草产品基地。着力推进同仁市、尖扎县浅脑山地区粮改饲，发展布局人工饲草料基地，打造优质牧草、青燕麦种植、沿黄谷地青贮玉米种植基地和高原玉米青贮饲草基地，布局泽库县南部万亩饲草料种植基地，形成区域性专业化草产业带。继续鼓励牧户种草，推行舍饲和半舍饲养殖。结合三江源草地生态治理工程，积极发展饲草种植基地。禁牧草地适度发展刈割饲草，补充冬季饲草。大力推动饲草加工产业，逐步推动与饲草基地配套的青贮饲草料、氨化饲草、颗粒饲料加工，饲草加工率达到40%以上。到2025年，全州饲草（料）种植面积达到10万亩，有机饲草供应量达到15万t，确保有机畜牧业健康稳定发展。

（四）加强绿色健康渔业养殖

充分利用黄南州黄河水资源，重点打造以冷水网箱养殖为主的沿黄冷水养殖适度开发带，积极推行集装箱养殖等陆基渔业养殖生产基地建设。逐步实施陆基渔业可追溯体系建设，推进休闲渔业示范场创建。支持冷水鱼鱼品加工厂建设，建设冷链运输和县级渔业服务中心，开展质量检验、疫病防控及环境监测等工作。着力培育以专业合作社为依托的高原渔村。谋划推出渔业区域公用品牌，打造一批叫得响、效益高的渔业品牌。实施黄河珍稀鱼类保护，启动开展资源调查、人工驯养繁育和增殖放流工作，建设好沿黄流域特有鱼类国家级水产种质资源保护区，加强本土鱼类种质资源保护。到2025年，冷水鱼网箱养殖面积达到60亩以上，发展陆基渔业养殖3 000 m³，水产品产量达到3 000 t。

# 第三篇

## 主要农作物种植管理技术

# 第八章　粮油作物

## 第一节　春小麦栽培技术

小麦是我国粮食系统中的重中之重,是营养比较丰富、经济价值较高的商品粮。小麦籽粒含有丰富的淀粉、较多的蛋白质、少量的脂肪,还有多种矿质元素和维生素。小麦按播种季节分,可分为冬小麦和春小麦。小麦品质的好坏取决于蛋白质的含量与质量。一般春小麦蛋白质含量高于冬小麦,但春小麦的容重和出粉率低于冬小麦,黄南地区以春小麦种植为主。在众多影响因素中,从小麦播种前到收获时,天气一直是一个至关重要的因素。因为天气的变化将直接影响小麦的质量(空秕粒、角质率、容重等)和产量。

### 一、品种选择

根据海拔和植被类型,黄南州可分为川水、浅山、脑山三类地区,针对各地区的自然条件和栽培条件,因地制宜地选用优良品种是高产优质的先决条件。川水地区海拔2 160~2 600 m,适宜种植的小麦品种有阿勃、高原448、高原437;浅山地区海拔2 600~2 700 m,适宜种植的小麦品种有阿勃、高原437等;半浅半脑山地区海拔2 700 m以上,适宜种植的小麦品种有阿勃、青麦1号等。

## 二、种子处理

一般种子里都有一些成熟度差、破碎、秕粒、虫蛀、霉烂和带菌的种子，还可能混有其他作物种子、杂草种子、虫卵、杂质等。因此，播种前一定要剔除，提高纯度和净度，提高发芽率和出苗率，减少杂苗，减轻病虫为害。既可节约用种，又可达到苗全、苗壮和提高产量的目的。

播前晒种是保证苗齐、苗全、苗壮的重要环节。就是利用阳光中的紫外线，清除种子表面的毒素，杀死病菌，改善种皮的通透性，有利于种子内部可溶性营养物质的形成，促进酶的活动，排除$CO_2$及各种废物，从而提高种子活力，促进种子后熟，打破休眠，提高发芽率、发芽势。方法是：春小麦播前选择晴天晒种2~3 d，厚度在10 cm以下，经常搅动，夜间盖上蓬布。

为防止春小麦根腐病、黑穗病、白秆病等病害，用25%粉锈宁进行药剂拌种，用种子重量0.3%的50%多菌灵可湿性粉剂或70%甲基硫菌灵可湿粉剂进行药剂拌种。方法是：用多菌灵或甲基硫菌灵150 g，兑水1.00~1.25 kg，喷洒在50 kg种子上，充分搅匀，堆放2~5 d，即可进行播种。

## 三、土地准备

早春耕地、封墒是春小麦优质、高产的关键措施。春播前，抓住有利时机进行耕地，封住地表墒、保住地表水，为一次播种保全苗打牢基础。整地达到深、细、实、平的状态。"深"是适当加深耕作层；"细"是不漏耕、不漏耙，耙深、耙细；"实"是上虚下实，表层疏松透气，下层不架空；"平"是地面平坦。

## （一）土地选择

土壤耕层深厚、松软肥沃、结构良好是争取小麦高产、稳产的前提条件。

## （二）茬口选择

由于小麦连作对营养物质要求一致，养分供求受到限制，容易造成杂草及病虫害的发生与蔓延，从而严重影响小麦的正常生长发育，造成减产。因此，小麦不宜连作，必须进行轮作倒茬，豆类作物为养地作物，是小麦的良好茬口；马铃薯、油菜、蔬菜等也可作为小麦的前茬作物。

## （三）整地

要求耕深20~25 cm。深耕可增强土壤保肥、保水能力，改善土壤理化性状，促进根的生长，同时还能减轻土壤病虫草的为害。

## （四）施肥

基肥以腐熟的农家粪为主，粪土以1∶3为宜。川水地区施60 $m^3/hm^2$（4方/亩），浅山地区施30 $m^3/hm^2$（2 $m^3$/亩），脑山地区施22.5~30.0 $m^3/hm^2$（1.5~2.0 $m^3$/亩）。除有机肥外，再配合施用氮、磷肥作基肥，能满足春小麦苗期的需要，增产效果比较显著，一般施尿素75 kg/$hm^2$（5 kg/亩）即可，再配磷肥（磷酸钙、磷钾肥、磷酸二铵等）效果佳。若单施过量氮肥，会导致地上部分虫害严重，植株抗倒伏能力减弱，轻则减产，重则颗粒无收。

种肥一般都是速效性肥料，以满足苗期养分的需要。常用的种肥有尿素和磷酸二铵等粒状肥料。使用方法是尿素、磷酸二铵各37.5 kg/$hm^2$（2.5 kg/亩）与种子混匀后条播，用量过大会烧坏种子。若采用分层条播时，肥料用量可适当加大，也可把用于基肥的氮、磷化肥全部放在分层施肥条播机内施入土壤中，能起到集中施用和提高肥效的作用。

## 四、播种

适时播种是一项关键栽培措施。让种子在低温下先扎根后出苗，则根系发达，抗倒伏，早分蘖，是形成壮苗的重要措施，为春小麦延长生育期创造条件，且穗分化的持续时间长，有利于形成大穗。因此，在川水地区，适宜在3月中旬播种，浅山地区适宜3月下旬播种，半浅半脑山地区适宜在3月下旬至4月上旬播种。播种时要求做到行直，播量准确，下籽均匀，不漏播，不重播，播种深浅一致，播种后待土壤松散时耙平。播种深浅也对麦苗影响很大，如果播种过深，出苗缓慢，种子中大量的养分消耗在出土过程中，则幼苗黄、瘦、细、弱，分蘖晚而少，根系不发达，从而影响地上部茎叶正常生长。播种也不宜过浅，否则遇到干旱，影响次生根的发育，后期易发生倒伏。一般适宜的播种深度以川水和半浅半脑山地区3~4 cm，浅山旱地4~5 cm为宜。

川水地区分冬灌地条播和干耕地条播两种情况。冬灌地播量为270~300 kg/hm²（8~20 kg/亩），干耕地播量为300.0~337.5 kg/hm²（20.0~22.5 kg/亩）。川水地区保苗一般450万~480万株/hm²（30万~32万株/亩）。

在浅山地区由于干旱少雨，出苗率较低，应适当加大播种量。播量为300.0~337.5 kg/hm²（20.0~22.5 kg/亩），保苗在420万~450万株/hm²（28万~30万株/亩）。

脑山地区气候冷凉、阴湿，小麦不能成熟，不宜种植。

## 五、田间管理

### (一)中耕除草

春小麦的生长环境中有很多杂草,如不及时清理,会产生争水争肥的情况,不利于春小麦的生长,应根据杂草量适当进行人工除草。一般除草1~2次。第一次在小麦生长到3叶1心前进行;第二次在分蘖后至拔节前进行。

### (二)灌溉

春小麦是一种需水较多的作物,降水量只能提供生育期总耗水量的1/4~1/3。适时适量灌溉,满足春小麦对水分的需求,是春小麦正常生长发育,提高产量的重要保证。在黄南州川水地区春小麦生育期一般需浇水3~4次。小麦的需水规律是:苗期少,中期多,后期逐渐减少。在温湿度适宜的情况下,春小麦种子萌芽大约需要种子重量50%的水分,出苗后需水少,之后随植株长大需水量增加,到抽穗期达到高峰,灌浆期仍需较多的水分,乳熟期至收割需水量逐渐减少。春小麦灌水要抓住分蘖、拔节、抽穗和灌浆4个重要阶段进行。要掌握"前控、中攻、后稳"的原则。分蘖前土壤处于化冻阶段,一般不缺水,这时气温低,小麦生长缓慢,水分主要通过地面蒸发而损失,土壤水分控制在田间持水量的50%为宜,此阶段不宜大水漫灌,宜控制水量。若苗期过早浇水,反而会降低地温,影响小苗生长。因此,苗水可推至分蘖期进行。分蘖至拔节期结合除草、松土、追肥,巧灌拔节水,水量不宜过大过猛。拔节至乳熟期营养器官旺盛生长,叶面积大,水分主要消耗于叶面蒸腾,土壤水分应保持在田间持水量的70%为宜。应浇大水,水量宜大、宜足,以浇透为原则,这是中期阶段,以保证孕穗期不缺水,增加结实小穗数，浇好灌浆水，提高粒重。乳熟后需水量逐渐减少，保持在田间持水量的55%左右；黄熟后，田间持水量要降到50%以下，这时既要防止缺水造成高温逼熟，又要防止水分过多造成的贪青晚熟和倒伏，降低粒重。此阶段应采用小而碎的灌水方式，灌好麦黄水。

### （三）追肥

施用追肥不但要掌握好肥料的数量、种类和施用方法，而且要掌握施用追肥的最佳时期。春小麦3叶期至抽穗期是吸收氮素最多的时期，为满足这一阶段对氮素的需求，在2叶1心期追施肥料最为适宜。可提高分蘖成穗率，促使苗壮早发，为穗大粒多奠定基础。追肥采用速效肥，如尿素、磷酸二铵等，水地可结合除草、松土、浇水进行，依苗情追施37.5~75.0 kg/hm$^2$（2.5~5.0 kg/亩）。在抽穗和灌溉浆期叶面喷施磷酸二氢钾1.5 kg/hm$^2$（0.1 kg/亩），除可促进营养生长外，还可改善籽粒品质，提高蛋白质含量。

## 六、适时收获

小麦以蜡熟中期，即小麦旗叶和骨节仍带绿色，而茎秆呈杏黄色、籽粒变硬即可收获。

# 第二节　青稞栽培技术

青稞既是一种十分重要的经济作物，也是黄南州高寒地区农作物的主要品种之一。

青稞籽实中的营养成分丰厚，是改进人们膳食结构和发展养殖业的重要原料。青稞中的膳食纤维总含量达到了16%，含有铁、钙、磷、锌、硒等多种对人体有益的微量元素。青稞中含有的淀粉比较独特，这种物质中含有大量的凝胶黏液，对于抑制胃酸过多，保护胃黏膜等具有重要的作用。青稞是麦类作物中β-葡聚糖含量最多的作物，具有降血脂、降胆固醇、预防心脑血管疾病的作用。另外，青稞中还含有一些其他的稀有珍贵的营养成分，例如硫胺素、核黄素、烟酸等，这些物质对于促进人体健康发育具有重要的作用。

然而青稞种植地区的自然环境较为恶劣，为促进青稞品质和产量的有效提高，就需要加大青稞高产栽培技术的研究力度。

## 一、品种选择

选择适应能力强的优良青稞品种，柴青1号品种是从"肚里黄"品种中系统选育而成，适合在高原浅脑山地区种植，在黄南州各种植区均表现出良好的适应性。该品种全生育期135 d，耐旱、耐寒、耐湿、耐盐碱性中，抗倒伏性中等，不易落粒。中抗条纹病。一般肥力条件下的产量为4 500～6 000 kg/hm$^2$，高肥力条件下的产量为6 000～6 750 kg/hm$^2$。

## 二、种子处理

播前进行种子精选，选取粒大、籽粒饱满的种子。纯度不低于95%、净度不低于96%、发芽率不低于85%。种子精选后，用立克秀、扑力猛等杀菌药剂进行拌种，防治种传病害，以保证青稞的出苗率，防止青稞在苗期出现病虫害的问题。

## 三、土地准备

### （一）土地选择

土壤耕层深厚、松软肥沃、排水良好。

### （二）茬口选择

科学轮作能够有效地减少地域杂草和病虫害，实现用地养地的有机整合。从青稞的根系分布来看，往往浅而窄，这就意味着其吸收能力较弱。通过科学、合理的轮作，能够促进青稞的增质增产。一般而言，良好的青稞种植前茬为豆类或者玉米、马铃薯等植物。一年一熟区域可以进行2~3年的轮作方案。2年轮作可以用豌豆—青稞、马铃薯—青稞进行轮作，3年轮作可以选择马铃薯—青稞—小麦、小麦—豌豆—青稞轮作。

### （三）整地

整地是种植农作物的一个重要环节。在收割完上一期的青稞之后，要及时进行深耕灭茬。春季播种前需要在播种区域浅耕施肥，保证地面的平整。此外，如果收割青稞后，田间还存在病残植株，需要将其彻底去除，防止对新植株的生长产生影响。在深耕阶段，耕地深度不应低于20 cm，同时还需要保证肥料、水分。均衡的肥料才能提供好的耕层结构，利于青稞的生长。除此之外，还需要做好防治病虫害、去除杂草的工作。

## 四、播种

青稞最适宜播种期在4月上旬至中旬，生长比较稳定。若播种过早，大部分地区春季寒冷，此时会影响青稞的发芽和产量；若播种过晚，生长期缩短造成青稞籽实不成熟。青稞的播种深度通常为

3~4 cm。

## 五、田间管理

### (一)中耕除草

青稞种植地块常有大量杂草,如不及时清理,会产生争水争肥的情况,不利于青稞的生长发育,应根据杂草数量进行人工除草。一般除草1~2次。

### (二)施肥

针对柴青1号生育期相对较长,具有水肥临界靠前,前期需肥迫切,需肥量大等特点,应重施底肥。底肥施用方法要做到"一个为主、两个结合"(以有机肥为主,氮肥、磷肥相结合)。一般底肥亩施农家肥800~1 500 kg、尿素5 kg、磷酸二铵9 kg、氯化钾5 kg;在4叶1心期根据长势追施尿素4~6 kg/亩,追施尿素要适当,过多会倒伏。

### (三)防虫

根据虫害预测预报及青稞田虫口密度,确定防虫最适时机。蚜虫防治要掌握在3龄以前用药。蓟马、红蜘蛛在为害初期进行防治。一般在青稞拔节前后到灌浆前施药2~4次,可对地上害虫进行综合防治。

### (四)防病

主要发生病害有条纹病、锈病、散黑穗病、坚黑穗病、黄矮病。青稞条纹病、锈病在降水较多,气温高的年份易发,发生后传播速度快,为害严重;青稞散黑穗病、坚黑穗病属于种传病害,种子在上一年度收获时就已经感染病菌;青稞黄矮病属于虫传病害,传播媒介是蚜虫。

### （五）防倒伏

青稞易出现倒伏现象。倒伏对青稞产量影响较大，一般会使青稞减产15%～20%。青稞种植密度过大和施肥量过大会出现倒伏的问题。种植密度过大，青稞茎秆纤细，抗倒伏能力减弱，合理的用种量为225～270 $kg/hm^2$。青稞地施肥时建议增施磷钾肥，以提高植株的抗病力和倒伏力。选择优良的青稞品种，并对种植的密度进行科学、合理的规划，青稞的品质和产量才能得到有效的提升。

## 六、适时收获

在青稞蜡熟末期及时收获，收获后及时晾晒脱水，有条件的地区脱粒后可用种子干燥机械烘干脱水，干燥过程中要求温度均匀稳定，不影响籽粒品种和发芽率，籽粒含水量≤13%时清选打包，贮藏于通风干燥处。

# 第三节 黑青稞栽培技术

在青海本地种植青稞有着悠久的历史，此外，西北、华北、内蒙古、西藏等地也有栽培。青稞有白青稞、黑青稞、墨绿色青稞等几大类，所有青稞种类的比较中，黑青稞营养价值要高于白青稞，进一步发展黑青稞产业有着广阔的市场前景。

## 一、品种选择

藏系当家黑青稞品种：西藏隆子黑青稞。

## 二、种子处理

采取筛选、风选等办法选种,保证种子的纯净度。清除瘪粒、小粒、破粒、有病虫害的种子和各种杂物,选择大粒饱满、均匀、无病斑、无蛀虫、无霉变的优质种子。种子精选后,千粒重一般要提高2~3 g,纯度不低于95%,净度不低于96%,发芽率不低于94%,含水量不高于14%。阳光暴晒种子促进种子后熟和酶的活动、消灭种子携带的有害病菌,有效防治病害的发生。

## 三、土地准备

### (一)土地选择

根据隆子黑青稞生长属性,选择土层深厚,土壤有机质含量高的土壤种植。

### (二)合理倒茬

合理轮作能减轻和防止病虫害发生,有利于减轻杂草为害,避免青稞重茬。以马铃薯、玉米等的前茬作物收获后,及时翻耕,深耕20~25 cm。

### (三)精细整地

前茬收后及时进行整地,耕深20 cm,接纳秋冬雨雪。结合秋翻进行秋施肥,及时耙耱保墒。播前播后要打土块、捡石头,在有水利条件的地区抓好冬春灌溉工作,同时用0.2 kg/亩燕麦畏兑水30~40 kg,结合秋翻拌匀喷到地表或拌后撒在地表进行土壤处理,然后翻耕耙平以防止燕麦草的为害。

## 四、播种

要适时播种;黄南地区无霜期长,适宜播种期为3月15—28

日。播种量：机械条播17.0~18.5 kg/亩，撒播20~21 kg/亩。撒播要做到当天种完。撒施肥料和种子时要均匀。

## 五、田间管理

### （一）科学施肥

要求基肥要足，追肥要早，后期根外喷施，主要目的是增粒重，促早熟。以施有机肥4 $m^3$/亩、青稞配方肥15 kg/亩作为基肥，后期在生长过程中再喷施叶面肥2次。

### （二）预防青稞倒伏

倒伏是造成青稞低产的关键因素，就青稞自身而言，存在抗倒伏能力弱的问题。此外，田间种植密度高、用肥不合理、灌溉用水不足等都会加重这一情况的出现。为此，预防倒伏最好的措施是，选择抗倒伏品种、确定合理种植密度、严格按需水规律灌溉，可显著提升青稞产量和质量。

### （三）病虫害防治

影响青稞产量和质量最主要的病虫害，有黑穗病、白粉病、蚜虫等。针对这些病虫害在做好农业防治的基础上还要做好药物防治工作。青稞黑穗病发病初期可选用50%多菌灵可湿性粉剂2~3 kg/亩或70%甲基硫菌灵可湿性粉剂1.0~1.5 kg/亩兑细干土45~50 kg/亩，搅拌均匀后制成毒土，在犁地后均匀撒在地面，再耙地，进行土壤消毒处理，然后播种；白粉病选择用20%粉锈宁乳油20~30 mL/亩，或15%的粉锈宁，可湿性粉剂50 g/亩，兑水50~60 kg喷雾，或25%病虫灵乳油50 mL/亩加水50 kg均匀喷雾。

## 六、适时收获

青稞穗具有轴脆硬的特点，较易折断、落粒，所以要在适宜时期内进行收获，尽量做到"八成熟十成收"。较好的方式是使用联合收割机收割，最适宜的收割期是蜡熟末期或完熟初期。在最佳收割期进行收割的好处：一是青稞的茎秆还有韧性，青稞穗不易断落，能够减少拾穗工作量；二是青稞籽粒不容易霉烂，能够保证青稞品质。

收获方式可采取传统人工收割或机械收割，收割后在田里堆放20~30 d后，进行人工或机械脱粒。

# 第四节 春油菜栽培技术

油菜种植遍及全国，分为冬油菜和春油菜两类。春油菜是指春季播种，秋季收获的一年生油菜。但在春寒地区，需要推迟至5月才能播种，早熟品种可在7月收获。春油菜主要分布于油菜不能安全越冬的高寒地区。

## 一、品种选择

### （一）品种选择

选用优质双低甘蓝型油菜品种，黄南地区适宜推广的杂交品种有青杂4号、青杂5号、青杂7号、青杂9号。其中，青杂5号、青杂9号属中晚熟品种，适合海拔2 600 m以下的川水地种植，生育期130 d左右，产量250~300 kg/亩；青杂7号属早熟品种，适合海拔2 600～2 900 m的地区种植；青杂4号属极早熟品种，生育期100～110 d，适合在海拔2 900 m以上的地区种植。

## （二）种子质量

杂交品种符合GB 4407.2—2008二级标准：纯度不低于83%，净度不低于97%，发芽率不低于80%。

## 二、土地准备

### （一）土地选择

选择肥力中上等、土层深厚的壤土，结构良好，有机质丰富（有机质含量≥8%），速效氮≥200 mg/kg、有效磷≥10 mg/kg、速效钾≥400 mg/kg，通气性、保水性能良好，杂草少的土壤。

### （二）茬口选择

油菜应与春小麦、马铃薯、胡麻、蔬菜等作物合理轮作倒茬，切忌连作。连作可减产20%～30%，易发生病虫害。如果前茬是胡麻，需要弄清前茬地里是否施用了绿磺隆类药剂，以免种植油菜后，造成残留药害中毒。

### （三）整地

前茬作物收获后，及时秋翻，深度23～25 cm，以利蓄水保墒，消灭杂草，促进土壤熟化，改良土壤结构，提高土壤肥力。对于因各种原因而未能进行秋翻的土壤，早春可通过耙地诱发杂草生长，播前再进行适度深耕，以不超过20 cm为宜。

### （四）播种

当日平均气温稳定在2～3 ℃、土壤解冻5～6 cm即可播种。黄南州适宜播期3月20日至4月10日。播种深度2～3 cm，行距15 cm或

30 cm，播种量400~500 g/亩。施磷酸二铵4~5 kg/亩、尿素1~2 kg/亩。做到播量准确，下种均匀，播行端直，覆土严密，无重播、漏播。

## 三、田间管理

### （一）中耕除草

春油菜4~5叶期，及时人工中耕除草，以疏松土壤、提高地温、调节土壤湿度、改变土壤通气性、消灭杂草、促进油菜根系发育。同时定苗，株距3 cm，保苗密度6万~7万株/亩。

### （二）灌溉

蕾薹期是春油菜水分临界期，尤其是开花期对水分需求迫切。视春油菜长势和田间持水量，一般灌水2次。在春油菜抽薹后开花前灌溉1次，开花后期浇跑马水1次。

### （三）施肥

犁地前，施腐熟的优质有机肥2 000~3 000 kg/亩，然后耕翻入土。播前用播种机深施化肥做底肥，深度8~10 cm，一般施磷肥6~8 kg/亩、尿素8~10 kg/亩。耙糖、镇压或使用联合整地机使土壤达到"齐、平、松、碎、净、墒"标准。

春油菜抽薹后开花前，结合灌溉或下雨前撒施尿素6~8 kg/亩。开花初期，叶面追施磷酸二氢钾200 g/亩、尿素200 g/亩、硼肥100 g/亩，防止油菜"花而不实"。用水量15~30 kg/亩，叶面施肥宜淡不宜浓。

### （四）病虫草害防治

坚持"预防为主，综合防治"的植保方针，以农业和物理防治为基础，生物防治为核心，生产用药应严格按照《绿色食品农药使用准则》的要求选择安全、高效、低毒、无污染的农药，保证生产的油菜籽符合绿色食品标准。

1. 农业防治

合理轮作倒茬，选用抗病虫良种，及时深秋翻，适期播种，合理密植，适时适量施用氮肥，加强肥水管理，创造利于作物生长而不利于病虫发生的农田环境，控制病虫害发生。

2. 生物防治

保护天敌，利用瓢虫、捕食蜘蛛等有益生物，控制田间蚜虫的发生，注意合理用药，减少天敌杀伤，发挥其对有害生物的自然控制作用。

3. 化学防治

（1）菌核病：初花期，当油菜菌核病病株率达10%以上时，可用50%多菌灵可湿性粉剂100~150 g/亩或70%甲基硫菌灵可湿性粉剂80~100 g/亩喷雾防治。

（2）跳甲和地下害虫：为防治金针虫、蛴螬、地老虎和跳甲等苗期害虫，可用5%锐劲特乳油20 mL/亩拌种。出苗后用2.5%敌杀死乳油30~40 mL/亩防治跳甲。

（3）茎象甲：油菜抽薹前，成虫大量发生时，喷施80%敌敌畏乳油50 mL/亩或2.5%的敌杀死乳油30~40 mL/亩，杀死成虫以减少产卵量。

（4）露尾甲：露尾甲发生时，喷施2.5%的敌杀死乳油20~40 mL/亩。

（5）蚜虫：蚜虫发生时，喷施40%乐果乳油50~75 mL/亩或2.5%的敌杀死乳油20~40 mL/亩。

## 四、收获贮藏

黄熟期适时收割油菜,收割的油菜籽要及时过筛、风选、晾晒,含水量在10%以下装袋入库。符合绿色食品原料标准的油菜籽要单独贮藏,防止混杂。

# 第五节 芦笋栽培技术

芦笋又称"石刁柏""龙须菜"。经培土软化采收的嫩茎叫白芦笋,不培土嫩茎见光后采收的是绿芦笋。芦笋嫩茎质地细腻、气味芳香,顶尖紧密、纤维少质脆。白芦笋色泽洁白,秆直无斑。绿芦笋青绿色浓,条型匀称,粗细适中,口味清爽质脆。芦笋含有多种氨基酸及微量元素,能增进食欲,帮助消化,具有较高的营养保健价值。据医学界报道,对高血压、癌症、心脑疾病、肾炎、白血病等均有显著的治疗作用,被欧美国家誉为蔬菜之王。国际市场畅销不衰,国内市场已经启动。种植芦笋市场前景好,效益高。

## 一、品种选择

芦笋系多年生宿根草本植物,适应性强,品种较多。在黄南地区种植一般可选用山东省潍坊市农业科学院培育的"冠军"系列品种,表现为萌芽早、生长速度快、嫩茎粗细匀称、头部鳞片紧密不易散头、色泽浓绿、产量高、商品性好,植株属矮化型,抗病、抗倒伏,是目前青藏高原较为理想的芦笋品种。

## 二、营养钵培育壮苗

采用营养钵育苗，有利于提高成苗率，培育壮苗，移栽时植伤轻，有利于壮苗早发，达到适期定植、早期丰产的目的。

### （一）备足营养钵

首先选择肥力水平较高的疏松沙壤土作苗床，苗床宽1.3～1.5 m、深10～15 cm。制钵前每立方米营养土应施入腐熟好的商品鸡粪15～20 kg、磷肥1 kg、草木灰5 kg，充分拌匀后打钵。钵体直径8 cm以上，钵高10 cm，每亩大田需备钵2 500个。

### （二）浸种催芽

芦笋种子外壳厚且有脂质，吸水较慢。首先用50％多菌灵300～500倍液浸种24 h，再放入25～30 ℃温水中浸种2～3 d，每天更换新水2～3次。浸种后用干净纱布包好，置于25～30 ℃条件下催芽，催芽期间每天用25 ℃左右温水淋浇1～2次。种子露白即可播种。

### （三）适时播种

麦前移栽的可于3月上中旬播种，麦后移栽的可于4月上中旬播种。首先，播种前营养钵浇透水，每钵一粒，播后覆细土2 cm厚。然后，撒施毒饵防地下害虫。最后，畦面平铺地膜，畦上用拱棚盖膜实行双膜覆盖。

### （四）苗床管理

苗床管理应以调节温湿度、培育壮苗、防治病虫为中心。出苗前床温白天20～30 ℃，晚上不低于12 ℃。前70％幼苗出土时，去除平铺地膜并逐步通风炼苗。当幼苗高20 cm左右时，可采取通风不揭膜的办法，使幼苗适应外界环境。此期保持苗床湿润。幼苗瘦弱应补施苗肥，肥水结合。及时去除苗床杂草，发现蚜虫等为害及时喷药防治。

## 三、土壤准备

### （一）土地选择

芦笋适宜土质疏松肥沃、透气性好、土层深厚、有机质含量丰富的沙壤土，有利于根系发育和嫩茎的优质高产。酸碱度过大且黏重的淤土均不适宜芦笋生长。

### （二）整地定植

芦笋是多年生作物，一经定植，土地即无法再全面耕翻。因此，在定植前结合深耕整地，施有机肥 $3\sim 4$ $m^3$/亩，复合肥 50 kg。耕后耙平，搞好田间灌排工程，南北纹线开挖定植沟。行距 $1.2\sim 1.5$ m，沟宽 $40\sim 50$ cm，深 $30\sim 40$ cm。移栽前沟内施复合肥 50 kg/亩，饼肥 40 kg/亩，有机肥 $2\sim 3$ $m^3$。均匀施入沟内并与回填土壤混合均匀。移栽时定植沟离地面 10 cm 为宜。每隔 $25\sim 30$ cm 定植一株，栽 $1\,500\sim 2\,000$ 穴/亩。做到边起苗边分级，栽植、浇水、覆土等作业一次完成。大壮苗每穴栽1株，弱小苗每穴栽2株，壮弱苗分开定植。定植时要定向栽植，即地下茎着生鳞芽的一端要顺沟朝同一方向，排成一条直线，便于以后培土采笋。幼苗成活新茎长出后，要分期逐步填平定植沟。

## 四、田间管理

### （一）定植当年

芦笋定植后应狠抓"以养根壮株"、猛促"秋发"为核心的田间管理工作，才能达到早期速生丰产目的。定植后因植株矮小，应及时中耕除草。如天气干旱，应适时浇水，汛期应及时排涝，严防田间积水沤根死苗。根据苗情，补施苗肥10~15 kg/亩尿素，促平衡生长。进入8月以后，芦笋进入秋季旺盛生长阶段，应重施秋发肥，大力促进芦笋在8—10月迅速生长，为翌年早期丰产奠定基础。一般施有机肥2~3 m³/亩、复合肥50 kg/亩、尿素10 kg/亩，在距植株40 cm处开沟条施。同时注意防治病虫害。入冬后，芦笋地上部分开始枯萎，其植株内营养向地下根部转移，有利壮根春发高产。冬末春初的2月，应彻底清理地上植株，减少病害菌源。

（二）定植翌年及以后的采笋年

翌年及以后的采笋年，应重点做好科学运筹"三肥"，综合防治病虫害等工作。

1. 科学运筹"三肥"

"三肥"即催芽肥、壮笋肥和秋发肥。基本做法是：3月结合垄间耕翻、培土施好催芽肥，施土杂肥2~3 m³/亩、芦笋专用肥50 kg/亩，有利于鳞芽及嫩茎对无机营养需求。6月上中旬施好壮笋肥（接力肥），施尿素10~15 kg/亩，此次肥料起接力作用，可延长采笋期，提高中后期采笋量。8月上中旬采笋结束后，结合细土平垄，要重施秋发肥，施土杂肥2~3 m³/亩、芦笋专用肥100 kg/亩、尿素10 kg/亩，促芦笋健壮秋发，为明年优质、高产积累营养，培育多而壮的鳞芽。这种"三肥"配套，合理运筹的施肥模式是芦笋高产优质的基础。

芦笋生长期长，较耐旱而不耐涝渍。但在采笋期间保持土壤湿润，嫩茎生长快、品质优、产量高。此期干旱应适时灌跑马水。汛期注意排出涝渍，防高温烂根等病害发生。

2. 综合防治病虫害

芦笋茎枯病、褐斑病是为害芦笋的主要病害，发病快、为害严重。目前尚无特效药防治。实践证明，采取以农艺措施为主，辅之以加强药剂防治的综合防病虫策略，可取得事半功倍的效果，具体做法是：①适时摘心防倒伏。芦笋植株可达1.5 m以上，任其生长，严重影响通风透光，且易倒伏，田间湿度大病害重。当植株达70 cm左右时应适时摘心，有利于集中营养，促进地下根茎生长。有条件可拉铁丝，确保植株不倒伏。②清理田园。清理田园降低侵染源，是防治茎枯病的有效方法之一。2月全面清理田间茎秆，清扫病残枝叶并集中焚烧处理。8月上中旬采笋结束后，结合回土平垄，彻底清理残桩和地上母茎；鳞芽盘要喷药杀菌消毒。秋发阶段，定期摘除田间病残枝叶，可极大地减轻病害发生。③留母茎采笋，延长采笋期。定植后第二年的新芦笋田块，只宜采收绿芦笋。一般4月上中旬长出的幼茎，作为母茎留在田间不采，以供养根茎。以后再出的嫩茎开始采收。采收期长短据上年秋发好坏而定，一般可采收30～50 d。进入盛产期，芦笋田块5月上中旬前生出的嫩茎可全部采收，视出笋情况每穴留2～3根母株后，可采收至8月上中旬。采收白芦笋田块，一般于5月上中旬开始留母茎，每株留1～2根，可连续采收至8月上中旬。这种留母茎采笋不仅增加了笋农收益，而且避开了7月高温高湿天气造成的发病高峰，减少用药次数，降低成本。④合理施肥。增施有机肥和磷钾肥，适当控制氮肥用量，可增加土壤有机质，疏松土壤，促进芦笋茎叶健壮生长，提高抗病能力。⑤适时合理药剂防治。所留茎出土5～7 d内，株高达20 cm左右时，采用波尔多液、多菌灵等药剂涂茎。采笋结束后，结合清理残桩，顺垄喷药保护鳞茎盘，消灭鳞茎盘及表土层内的病菌。采笋期所留母茎及秋发阶段，在及时清理病残枝叶的基础上，根据天气、病情适时喷药防治，并交替用药，提高喷药质量。可选用多菌灵、甲基硫菌灵、代森锰锌、退菌特等。虫害主要有斜纹夜蛾、甜菜夜蛾、棉铃虫、地老虎等为害。夜蛾类可用灭幼脲、农林乐等1 000倍液防治，蚜虫等可将洗衣粉、尿素、水按1∶4∶100的比例，搅拌成混合液后，喷洒植株，既可以灭虫又可以有施肥的效果；地下害虫可用呋喃丹，土壤处理及敌百虫饵料防治。

### 五、科学采收

绿芦笋在每天8:00—10:00采收。根据商品质量要求将伸出地面20~24 cm的幼茎，在土下2 cm处割下，集中分级出售。

采收白笋，一般于3月25日前结合整地施肥做好扶垄培土工作。要求土壤细碎，做成底宽60 cm、高25~30 cm、顶宽40 cm的高垄。并达到土垄内松外紧，表面光滑。采收期每天8:00之前、16:00之后分2次检查垄顶，发现土表龟裂，扒开表土，用笋刀于地下茎上部采收，采收时不可损伤地下茎，采后将垄土复原拍平。白笋采后要遮阴保管，及时分级出售。

## 第六节　马铃薯优化栽培技术

马铃薯是青海省主要粮食作物之一。它既可当粮食用，又可当菜食用，营养极为丰富。现将近年来黄南州总结的马铃薯优化栽培技术概述如下。

## 一、基础条件

### （一）温度

全年平均气温5~15 ℃，生育期有效积温1 800 ℃以上。

### （二）日照

全年平均日照时数在1 400 h以上。

### （三）降水

旱作马铃薯品种年降水量≥350 mm。

### （四）土壤

地势平坦、土层深厚、耕性良好、耕作层≥30 cm的土壤，含有机质5%、碱解氮50~80 mg/kg、速效磷5.14 mg/kg、速效钾>100 mg/kg。

### （五）品种类型

青海省农林科学院选育的青薯系列：青薯2号、青薯9号、青薯168及陇薯2号、下寨65、渭薯9号等。

## 二、主要生育指标

### （一）壮苗指标

基本苗3 500株/亩，叶色浓绿，根系发达。

### （二）产量结构指标

单株块茎数3~4个，单株产量0.4 kg以上，块茎数30万个/hm$^2$以上，产量22.5 t/hm$^2$以上。

## 三、农艺措施

### （一）选地选茬

种植马铃薯最好的前茬是麦茬和豆茬，其次是胡麻茬、玉米茬，轮作方式以豆类—小麦—马铃薯3年轮作为宜，土壤以土层深厚，土质疏松，富含有机质的沙壤土为宜，黏重板结的土壤不适宜种植马铃薯。

### （二）深松耕，精细整地

前茬收获后，应及早深松耕，精细整地。深耕以20～25 cm为宜；松耕深度为35～40 cm，以打破犁底层为宜，一般平均3年深松耕1次。深松耕后，及时用圆盘耙整地，要求深度10～15 cm，土块细碎，土壤松软，地表平整，上松下实；遇雨后及时耙糖保墒；秋末浅耕整地，耙糖收墒；结合整地，在有地下害虫的地块用50%辛硫磷乳油4.5 L/hm²拌细沙土450 kg/hm²撒入犁沟，可防治地下害虫。

### （三）精选种薯及处理

薯块出窖后，选用薯色光亮、薯芽饱满、形状整齐，并且具有本品种特征、无伤无损、无病毒的幼嫩薯块作种薯。提倡小整薯播种，以块重50 g左右为宜。播前10～15 d，将种薯置于15～20 ℃的条件下晒种催芽，将整薯进行切块，保证每个薯块上留1～2个芽眼，切块前用1%高锰酸钾溶液或75%的乙醇对刀具进行消毒。薯块切好后，用稀土旱地宝拌种，放在阴凉处晾干即可播种。

### （四）优化施肥

坚持重施农肥、增施磷肥、合理施用氮肥、补施钾肥的施肥原则。一般要求施草木灰等含钾丰富的优质农家肥450 t/hm²以上、纯氮120 kg/hm²、纯磷90 kg/hm²、硫酸钾60 kg/hm²,农肥、磷肥和氮肥作为种肥时一次性施入。

(五)适期播种,合理密植

水地应在4月下旬播种,山旱地应在5月上中旬播种,使马铃薯生长需水和自然降水最大程度吻合,减轻后期晚疫病为害。水地种植,保苗为6万株/hm²;山旱地种植,保苗为4.50万~5.25万株/hm²。

(六)田间管理

1. 查苗补苗

播种后30 d左右,勤查田间出苗情况,对缺苗的要及时采取补苗措施,保证全苗。

2. 及时补耕,中耕除草

从初花期开始,有集雨条件的利用集雨节灌窖蓄积的雨水进行补灌,并进行中耕培土、除草。

3. 防治病害

从现蕾期开始,每隔7 d用宝大森、杀毒矾、杜邦克露、甲霜灵锰锌、代森锰锌交替喷施,可防治早、晚疫病发生,用药量1 500~2 250 g/hm²。防治病毒病可选用20%的病毒A 500倍液、1.5%植病灵1 000倍液等农药交替使用。

4. 追施稀土微肥,确保增产

从盛花期开始,每隔6 d叶面交替喷施大丰收、全元植物营养素、益植素等稀土微肥,共喷3~4次,可有效补充马铃薯后期生长所需营养,防止叶片提早衰老,延长叶片功能期。

## 四、及时收获，分级贮藏

待种薯停止生长，即2/3的叶片变黄，植株开始枯萎时应及时收获。捡出病或腐烂和破薯后用甲雷灵或硫酸铜溶液对种薯表皮杀菌处理，以防种薯带菌传播。对贮藏多年的旧窖，在入窖前对地面、墙壁等进行全方位打扫和消毒，可使用75%的百菌清烟剂熏蒸，施药后密闭36 d以上，经换气通风即可入窖。最适宜的窖温为2~4 ℃，相对湿度80%左右，春、秋两季的管理最关键，春季以通风降温防湿，冬季以防冻为主。

## 第七节　燕麦与箭筈豌豆混播栽培技术

燕麦为禾本科燕麦属一年生草本植物，为重要的粮食作物及良好的饲料作物。包括裸燕麦和皮燕麦，在我国裸燕麦主要是"大粒裸燕麦"，也称莜麦，种植面积在90%以上。

箭筈豌豆为豆科野豌豆属一年生半攀缘性草本植物，为绿肥及优良牧草。箭筈豌豆适于在气候干燥、温凉、排水良好的砂质壤土上生长，早发、速生、早熟、产种量高而稳定。

燕麦草产草量高，适口性好，从营养成分看，粗蛋白含量很低，仅占总营养成分的4%~5%，满足不了牲畜对蛋白质的需要，而一年生豆科饲草——箭筈豌豆在花期的粗蛋白含量高达26.8%，但它在单一种植时，枝条匍匐，不能充分利用空间，产草量不高。与燕麦混播时，可借助于燕麦的支撑作用而立起来，从而获得高产，饲草的蛋白质总量也能显著增加。此外，箭筈豌豆根瘤多，可固氮,每个箭筈豌豆的根部就是一个小型化肥厂,不仅对自身的生长提供了氮肥,而且为混播的燕麦提供部分氮肥,促进燕麦的生长,因此燕麦与箭筈豌豆混播后,不仅能提高产草量,而且还能提高饲草品质。

## 一、整地

耕地需适时翻耕,一般翻耕深度为25 cm左右,翻后耙摊平整,打碎土块,精细整地,以便于播种。

## 二、种子准备

### (一)品种选择

根据当地的自然条件,因地制宜地选用达到国家二级标准(GB 4407.2—2008)以上的燕麦种子。经过多年燕麦品比与品种适应性试验,白燕2号、白燕7号、燕科1号燕麦品种的植株综合性状好,生育期适中(100 d),产量稳定;青海本地的燕麦品种有巴燕3号。青海常规种植的箭筈豌豆品种为881、324。

### (二)种子处理

去除土块、石子以及疵粒、破粒种子,选用新鲜、成熟度一致、饱满的籽粒作为籽种。燕麦种子播种前3~5 d,选无风晴天将种子摊开在干燥向阳处晒2~3 d,每50 kg籽种用150 g拌种霜拌种。箭筈豌豆种子采取干燥器温热处理,处理温度为30~35 ℃;播前晒种3~5 d,用含有微肥和辛硫磷等杀虫成分的包衣剂对种子包衣处理。初次种植或从未种过箭筈豌豆的地块应接种根瘤菌,按8~10 g/kg根瘤菌剂拌种,避免阳光直射;避免与农药、化肥、生石灰等接触;接种后的种子3个月内未播种应重新接种。

## 三、播种

### （一）播种时间

根据土壤墒情或等雨播种，适宜播种日期为4月25日至5月25日。

### （二）播种量

燕麦播种量为10 kg/亩，箭筈豌豆播种量为5 kg/亩。

### （三）播种深度

燕麦播深在3~5 cm较为适宜，箭筈豌豆播深3~4 cm如土壤墒情差，可播深些。

### （四）种植行距

燕麦种植行距为20 cm，带宽3 m；箭筈豌豆行距20~30 cm，带宽1 m。

## 四、施肥

种肥的施用以有机肥结合化肥增产效果最好。有机肥可采用牛粪或羊粪，施入量500~1 000 kg/亩；化肥以磷酸二铵作种肥，施入量6 kg/亩。

## 五、田间管理

在燕麦和箭筈豌豆出苗前，若表土板结，可以轻耙一次。苗期如果杂草较多可以人工除草，也可以用2,4-D丁酯进行化学除草，每公顷用药量不超过1.5 kg。在分蘖或拔节期进行第二次除草时，结合灌溉或降雨施入追肥。第一次追肥在分蘖期进行，可促进有效分蘖的发育；第二次在拔节期间追施氮肥、钾肥；第三次追肥可根据具体情况在孕穗或抽穗时进行，以磷、钾肥为主，配合使用粪肥。在抽穗期间以2%的过磷酸钙进行根外追肥，可促进籽粒饱满。

水分条件是影响燕麦产量的重要因素，有灌溉条件的耕地，分别在燕麦分蘖期和抽穗灌浆期各灌水一次，同时为了充分发挥肥料的作用，灌水应与追肥同时进行，增产效果明显。燕麦从分蘖到拔节这一时期是幼穗分化的重要时期，在这个时期如果水分供应不充分，就会增加不孕穗数，因而也降低种子产量。箭筈豌豆要重视分枝盛期和结荚期的灌水，对籽实产量影响极大。

## 六、病虫害防治

燕麦和箭筈豌豆病虫害的物理防治：①清洁田园。铲除前茬作物残留物和杂草，深埋沤肥或晒干烧毁；土壤深翻晒白或淹水3~4 d，消灭隐藏于土中的虫和蛹，减少病虫发生基数。整地前每公顷撒施石灰600~750 kg，调整土壤pH值，预防土传病害。栽培时若发现病害，应及时拔除病株，或摘除病叶和病秧，集中处理。②科学管水。保持土壤湿润，雨后及时排渍。③物理诱杀。每2~4 hm$^2$设置一盏频振式杀虫灯诱杀夜蛾类害虫，也可用黏虫板治虫，即田间悬挂黄色黏虫胶纸（板），诱杀蚜虫、斑潜蝇等。在黄板（30 cm×20 cm）面涂上机油或凡士林，每亩悬挂20~25个，平均分布，高度以高于植株10~20 cm为宜。

燕麦虫害有黏虫、蛴螬、蓟马、蚜虫等。如发现黏虫为害，每公顷用5%福灵乳油225~300 mL兑水900 kg喷雾处理，其他病害用5%溴氰菊酯、吡虫啉等防治。燕麦常见的病害有黑穗病、红叶病、锈病，用多菌灵、甲基硫菌灵等500倍液喷防病。

箭筈豌豆的病害主要为白粉病、锈病等，虫害主要为蚜虫、豆秆黑潜蝇等。主要防治措施：一是轮作。箭筈豌豆忌连作，应与非豆科作物实行三年以上轮作。二是在发生病害时，白粉病发病初期用50%多菌灵可湿性粉剂600倍液喷雾，每隔10~15 d喷1次，连续喷3~4次；锈病发病初期喷洒15%三唑酮可湿性粉剂1 000~1 500倍液、50%萎锈灵乳油800倍液、50%硫磺悬浮剂200倍液、25%敌力脱乳油3 000倍液，或25%敌力脱乳油4 000倍液+15%三唑酮可湿性粉剂2 000倍液，隔15 d左右喷施1次，连续防治2~3次。对上述杀菌剂产生抗药性的地区可改用10%抑多威乳油3 000倍液或40%新星乳油7 000~8 000倍液，采收前7 d停止用药。发生虫害时，蚜虫用50%抗蚜威2 000倍液、10%的吡虫啉3 000倍液或25%的扑虱灵2 500倍液等进行防治；豆秆黑潜蝇，在箭筈豌豆出苗后成虫发生时喷药，药剂可选用50%辛硫磷乳油1 000倍液、2.5%保得乳油3 000倍液。

贯彻"预防为主，综合防治"的植保方针，以农业防治为基础，提倡生物防治，按照病虫草害发生的规律合理使用化学防治。在化学防治中，提倡药剂的轮换使用和合理混用。根据以上防治原则，首先应选用抗病良种，其次是实行轮作，最后是药剂防治。

## 七、适时收获

燕麦穗各部位成熟不太一致，当穗下部籽粒进入蜡熟末期应及时收获。箭筈豌豆收割调制干草应在盛花期和结荚初期刈割；利用再生草，注意留茬高度，在盛花期刈割时留茬5~6 cm；结荚期刈割时，留茬应在13 cm左右。刈后要等到侧芽长出后再灌水，否则水分从茬口进入茎中，使植株死亡。箭筈豌豆成熟后豆荚易炸荚，当70%豆荚变成黄褐色时清荚收获。

## 八、晾晒与贮藏

燕麦脱粒后及时进行晾晒，含水量要求12.5%以下，然后将干燥的种子装袋贮藏到仓库中。

# 第八节 苜蓿栽培技术

苜蓿为豆科苜蓿属多年生草本植物的通称。苜蓿种类繁多，其中最著名的是紫花苜蓿。苜蓿鲜草和干草以及青贮料均是家畜的优良饲草，其适口性好，易消化，各种家畜均喜食；其营养价值高，作为优质的豆科牧草，苜蓿的蛋白质含量高，可达18%~24%。苜蓿耐干旱，产量高而质优，又能改良土壤，广泛栽培。

## 一、播前准备

### （一）整地

在浇好秋冬水的前提下，适时进行耕翻耙糖和土地平整工作。在冬季及时进行镇压耱平工作，使土地达到墒足、地平、地绵。

### （二）施肥

在开春土地解冻，及时进行施肥工作，每亩将75 kg过磷酸钙、5 kg二铵、5 kg硫酸钾混合均匀，用施肥机深施入土，施肥深度10~15 cm。

### （三）选种

选择丰产性能好、适应性强的品种，如亮苜2号。

## 二、播种

### （一）晒种

苜蓿是硬实种子，为保证出苗快而整齐，要进行2~3 d的晒种工作。

### （二）覆膜点种

在施肥作业结束后，用轻型耙子耙平土地，然后用覆膜点种机进行覆膜点种工作。膜面要求平整紧贴地面，为了浇水能够浇透、浇好，保证苜蓿正常生长和减轻杂草为害，结合本地土地坡度较大的实际，选用幅宽50 cm的黑色地膜，要求点种面积达到25~30 cm，膜与膜中心距离为65~70 cm。对于未种过苜蓿的土地，种子最好接种根瘤菌或1份种子+3份老苜蓿的方式接种。每亩用种量2.2 kg。

## 三、田间管理

### （一）除杂草

为了保证苜蓿幼苗正常生长，一般情况下在幼苗期采用人工和化学药剂对杂草进行防除。对为害严重的野燕麦等，在野燕麦3~4叶期喷施高效盖草能进行防除，其他杂草在幼苗期每次浇水后人工拔除。

### （二）浇水

为保证苜蓿产量，在每茬收割后尽量及时浇水，后再相隔20 d左右浇一次水，全年浇水6次以上。

## （三）施肥

由于根瘤菌的固氮作用，苜蓿在生长期以追施磷肥、钾肥为主，一般每年追施2～3次，每次施用过磷酸钙30～50 kg/亩，硫酸钾5～8 kg/亩。

## （四）病虫害防治

病虫害主要有褐斑病、霜霉病等，要注重对收割机械的消毒工作，防止交叉感染。病害在田间发生时喷洒多菌灵等农药进行防治。虫害主要有蓟马、蚜虫等，可喷施吡虫啉等药剂进行防治。在喷施农药时可根据药性加入磷酸二氢钾等叶面肥料进行叶面追肥。

## （五）刈割

一般在始花期，也就是开花达到1/10时开始收割，最晚不能超过盛花期。既保证草的质量，又保证后一茬能够正常收获。苜蓿再生性强，每年可收割3～4次，最后一次收割不要太晚，否则影响养分积累，不利于安全越冬。一般收割后要留出40～50 d的生长期。留茬高度以5 cm为宜。

## 四、2～7年生苜蓿种植管理技术

由于苜蓿是多年生草本植物，一年种植，多年生长，从第2年到第7年栽培管理技术应做好以下4个方面的工作。

## （一）施肥

在开春土壤解冻后，在浇头水之前，每亩追施12%过磷酸钙30～50 kg、二铵3～5 kg、硫酸钾5～8 kg；在第一茬刈割后浇水前，追施二铵5～8 kg，在第二茬刈割后浇水前，追施12%过磷酸钙20～30 kg，硫酸钾5～8 kg。

## （二）浇水

在4月底至5月初浇第1次水，在5月下旬浇第2次水，在6月上中旬浇第3次水，在6月底第一茬刈割后浇第4次水，在7月中旬浇第5次水，在7月底至8月初浇第6次水，在8月底浇第7次水，在9月中旬浇第8次水，在10月下旬浇越冬水。

## （三）病虫害防治

病害主要有霜霉病、褐斑病等，为防止交叉感染，进地前对刈割机械进行农药消毒，在病害发生严重时，喷施广谱性杀菌剂进行防治。虫害主要有蓟马、蚜虫等。当出现小片新生叶发黄变枯时立即喷施高效氯氰菊酯等农药进行防除，并在进行病虫害防除的同时，在喷洒药液中加入2%的尿素和0.5%的磷酸二氢钾，进行叶面施肥。

## （四）刈割

在6月10日前后的现蕾至开花初期进行第一次刈割，在7月底的二茬苜蓿现蕾至开花初期进行第二次刈割，在10月初进行三茬苜蓿的刈割，每次刈割后，在晾晒至达到标准时，用翻草机统一翻晒，达到适宜水分时打包。

# 第九节　荷兰豆栽培技术

## 一、基本情况

2020年黄南州州委、州人民政府审时度势，在青海省率先提出建设绿色有机农畜产品示范州，为全面贯彻落实习近平总书记在青海考察时提出的"四地"建设总要求，发挥黄南州自然资源优势，2022年经过全面调查了解，引进荷兰豆种植。

2022年黄南州在同仁市的年都乎乡录合相村和隆务镇的加毛村试验示范推广种植荷兰豆1 400亩，其中年都乎乡种植长寿仁品种1 000亩，隆务镇种植白花品种400亩。

通过种植试验，同仁市海拔3 000～4 500 m的脑山地区适合长寿仁品种的种植；同仁市海拔2 300～2 650 m的川水地区和尖扎县冬小麦秋收后的地区适合种植白花荷兰豆。

## 二、土地选择

荷兰豆种植土壤以沙壤土为宜，由于不耐湿，凡是在排水不良的地方不适宜种植，也不适宜在强酸性土壤中栽培，在pH值为6.8～8.2时表现良好，有机质含量高的黑钙土种植荷兰豆产量最佳。黄南州同仁市脑山地区的阴坡（接近麦秀山脉附近，受林区影响，空气清新、温度适宜）、同仁市以栗钙土为主的川水地区，尖扎县冬小麦秋收以后可复种的川水地区都适合种植。

## 三、品种选择

同仁市脑山地区适合我国台湾省的奇珍长寿仁品种种植；同仁市川水地区和尖扎县农区冬小麦秋收后的复种地区适合白花荷兰豆种植。

## 四、田间管理

（一）整地、施足基肥

清除田间杂草，每亩地施商品有机肥10袋（每袋40 kg），深翻后用旋耕机整地，再亩施过磷酸钙15 kg、平衡复合肥10 kg（总养分≥45%，N-P$_2$O$_5$-K$_2$O）、甲霜锰锌100 g，将其混合后施入土壤。

（二）种植规格

长寿仁种植采用机械3行条播，行距85 cm，3行之间距离1.0~1.2 m，株距3~5 cm。下种深度5 cm。播种时防止种子直接接触肥料而引起烧苗，不与肥料同深度下种，肥料深度15 cm。白花荷兰豆种植采用机械3行条播，行距90 cm，3行之间距离1 m，株距3~5 cm。

（三）肥水管理

当豆苗长到3~4叶时，每亩地追施尿素5~8 kg。

（四）引蔓搭架

当荷兰豆长到10~15 cm时，及时进行搭架，以利于生长，如果搭架时间过晚，无向上生长所需的牵引物，茎秆容易倒伏，与土壤接触，导致病害的发生和豆茎干枯死亡。搭架采用长160~180 cm，粗2~3 cm的竹竿，20~30 cm插入土壤，一般2~3 m一个竹竿为宜，最初和最末端的斜切插入土壤中。长寿仁生长到15~20 cm时，用塑料绳从地头的一段离地面15 cm拉线，每长高10 cm，拉1次线固定长寿仁向上生长，由于长寿仁株高不是很高，拉3次线就可以满足枝蔓的缠绕要求。

（五）避免徒长

为避免徒长，打破顶端优势，促进侧芽萌发和侧枝生成，增加侧枝数量，增多花数，每亩地可用2袋芸苔素1 000~1 500倍稀释后，可加0.5 g白糖、0.3 g醋、1袋奶、5 g磷酸二氢钾喷洒，每隔5~7 d喷洒1次，连续2~3次。

## 五、病虫害综合防治

### （一）病害防治

荷兰豆主要以根腐病、白粉病为主。根腐病主要为害根和根茎部，发病后主、侧根部分变黑色，根瘤和根毛明显减少，轻者造成枝干和叶子发黄，重者根茎部发褐色或者腐烂，植株萎蔫死亡。

防治方法：一是加强田间管理，严防雨后积水，干旱要及时浇水，忌大水漫灌；二是用药防治，在发病初期，每亩地用高效氯氰菊酯10 kg+三唑酮25%湿性粉剂2 000倍稀释后，再加红糖5 g、白醋3 g，混匀后喷洒，间隔3~4 d喷洒1次，连续2次。

### （二）虫害防治

虫害主要是蚜虫、斑潜蝇等。每亩地用5%高效氯氰菊酯1 500~2 000倍稀释后，可加白糖0.5 g、醋0.3 g、啤酒1瓶，喷洒，采摘前15 d和采收期不应用任何农药。

## 六、生长周期

同仁市年都乎乡录合相村种植的长寿仁品种在5月3日下播，5月19日出苗，出苗期为16 d。播种量为5.5 kg/亩，种子3 196粒/kg，发芽理论值17 578株/亩，平均23株/m$^2$，实际出苗17 000株/亩，发芽率97%。7月1日开花，出苗到开花期为58 d，8月3日开始采摘，开花到采摘期为33 d。由于前期的干旱和后期的洪涝、疫情等原因，实际采摘期为25 d，产量为750 kg/亩，整个生长周期为115 d。

同仁市隆务镇加毛村于6月14日下播，7月4日出苗，出苗期为20 d。播种量为6 kg/亩，种子3 192粒/kg，发芽理论值19 152株/亩，实际出苗9 450株/亩，发芽率50%。8月2日开花，出苗到开花期为28 d；8月9日开始采摘，开花到采摘期为6 d，由于前期的干旱和后期的洪涝、疫情等原因，采摘期为18 d，产量为500 kg/亩，整个生长周期54 d。

## 七、适时采收

由于长寿仁荷兰豆主要是食用种子，而销售主要以豆荚为主，因此豆荚采收的标准是豆荚籽粒饱满，有光泽。通过测量，豆荚长10 cm，每个豆荚含有8~9枚种子。白花荷兰豆以食用嫩豆荚为主，一般在开花后5~6 d采摘为宜，荷兰豆的豆荚成熟度不一致，尤其蔓生种更为明显，故采收必须根据田间长势分3~4次采收。采收时切忌折断蔓茎，碰落花朵。田间采收操作要细致，不要漏收错收。为保证采摘时植株不受损伤，可用小剪刀采摘。

## 八、结论

通过观测不同品种在黄南州各生态区域的生长情况和产量表现，可得出以下结论：食用种子的长寿仁品种比较适合在黄南州同仁、尖扎的脑山地区种植。为降低高温天气对荷兰豆产量的影响，种植时间不宜过早，应在5月下旬为宜，以黑钙土最好，栗钙土、灰钙土次之。食用豆荚的白花荷兰豆适宜在同仁、尖扎的川水地区种植；在同仁的种植时间应在6月下旬，原因为往年在隆务镇加毛村种植的白花荷兰豆由于播种时间过早，在采摘一茬豆荚后多次遇到强降雨天气，此时的荷兰豆地块湿度过大，容易大面积发生白粉病和锈病，病害侵染使得荷兰豆产量大幅下降、品相较差，整个生长周期缩短，从种植到采摘只有短短的54 d。荷兰豆适时晚播就会在开花期规避高温、强降雨天气带来的只开花不结果、病害泛滥等为害。尖扎川水地区在7月上旬冬小麦秋收后的地块可复种白花荷兰豆，能收获4~6茬豆荚做到精准选种，施足基肥，保证追肥，及时防治病虫害，为荷兰豆的高产提供良好的条件。

## 第十节 青贮饲用玉米高产栽培技术

青贮玉米是将玉米植株地上部分的果穗、茎叶都用作饲料，专门用于饲养家禽、家畜的饲料专用型玉米品种。大力推广种植青贮饲用玉米，可以有效解决草食家畜饲草饲料冬春供应不足的矛盾，也是玉米种植业结构调整、缓解农村劳动力不足的一条途径。结合黄南州生产情况和气候条件特征，现种植的主要青贮饲用玉米品种有铁研53号、先玉335、先玉1225等3个品种，尖扎县主要种植区域位于康扬镇、马克唐镇、坎布拉镇、昂拉乡，同仁市主要种植区域位于保安镇、隆务镇、年都乎乡，种植地区的海拔2 000~2 700 m。

### 一、品种选择

近年来，随着品种繁育与选育技术的不断进步，优质的青贮玉米品种也越来越多。有的青贮玉米适用于青贮，还有属于粮饲兼用型青贮玉米品种。不同品种的用途不同，生长特性也不同，表现在生育期的差异，产量和株型的差异。因此，黄南州农牧业综合服务中心根据当地的种植条件，通过引种筛选试验，筛选出适宜在尖扎、同仁地区种植的青贮饲用玉米品种有先玉系列335和1225两个品种。以上两个品种表现不早衰、株型大、分蘖能力强、茎叶茂盛、品质好、营养丰富、抗逆性强，产量高于当地种植的铁研53

号,并且适应当地的气候条件。

## 二、选地和耕翻整地

青贮饲用玉米的植株通常较高大,对土壤有一定的要求,要想获得较高的产量和质量,需要做好种植地块的选择工作,最好选择地势较为平坦的地块,不可在低洼地种植,否则会引起田间积水,青贮饲用玉米易受涝死亡。

要求土壤肥沃、土层深厚、透气性好、有机质含量高,保水保肥能力强。青贮饲用玉米种植最好不连茬,否则易引起较为严重的病虫害发生,前茬最好选择豆科作物。

在播种前要做好耕翻整地工作。前茬作物收获后要进行深翻,一般要求深翻时间为10月中下旬,耕翻深度不能低于25 cm,翻后耙平耙碎,使土壤耕作层深厚、松软、上虚下实,提高保墒能力。

## 三、施足基肥

青贮饲用玉米的植株较高,对养分的需求量较大,因此,需要在播种前整地时施足基肥,以确保植株在生长过程中获得充足的养分。基肥应以有机肥为主,腐熟的农家肥为辅,如果农家肥没有充分的腐熟,会引起严重的病虫害,严重影响青贮饲用玉米的产量和质量。

基肥的施用量要依据地力来确定,结合耕作耙田,一般施充分腐熟的优质农家肥2 500~3 000 kg/亩。

施肥主要以撒施为主,要在耕翻整地工作前进行,以便耕翻后有机肥和农家肥充分埋入耕翻层中,使肥料得到充分分解,提升地力。

## 四、种子处理

种子需要从正规的厂家购买,要选择成熟度好、颗粒饱满、活力强的种子。为了提高种子的发芽出苗能力,在播种前对种子进行处理。先进行晒种,选择在阳光充足的天气将种子平摊晾晒2~3 d,晒种期间要进行翻动,晒种不但可以提高发芽率,阳光中的紫外线还可以杀灭病菌,减少病害的发生。

为了降低青贮饲用玉米病虫害的发生概率,在购置种子时尽量选择已进行包衣处理的种子进行种植,以达到防治地下害虫作用。

## 五、播种

适时播种是首要条件,播种过早,由于地块地温低,种子难以萌发,易出现烂芽的情况;播种过晚,青贮饲用玉米的生育期不够时会导致籽粒无法成熟,造成产量降低,因此,需要做到适时播种。一般尖扎地区最适宜播种时间为4月下旬,同仁地区最适宜播种时间为5月中旬,由于每年整体气温受其他因素影响,需要根据当地的气候条件和所选择的品种来确定最适宜的播种期,一般要求5~10 cm的土层温度稳定保持在10 ℃以上,持水量在65%以上(随手在种植地块抓一把土用力捏可成团,自由落到地面立即散开),为最佳种植时间。

播种深度也是影响种子出苗很重要的因素,播种深度主要与两个因素有关:一是整地情况,整地不平,高低起伏,容易造成播种深度不一致;二是土壤质地,适当增加播种深度,更容易使玉米种子吸收水分,同时促进根系生长发育,因此播种深度应控制到3~5 cm,具体播深视土壤墒情而定,若土壤墒情好,质地松散,播深5 cm为宜；若土壤质地黏重，播深3 cm为宜，避免种子无法破土造成粉籽、烂芽或出苗不齐、大小不一的情况。

青贮饲用玉米的植株通常较为高大，分蘖能力强，除了适时播种外，还需要合理密植。如果播种密度过大，会导致植株间相互竞争养分，还会出现遮光的现象，影响光合作用，从而影响营养物质的积累和植株的生长；而如果种植密度过小，则土地利用率低，也会使产量下降，因此，要根据种植的品种、地力等确定最适宜的种植密度。铁研53号合理播种密度为10 000粒/亩左右、先玉335合理播种密度为6 000粒/亩左右、先玉1225合理播种密度为7 500粒/亩左右。

机械播种主要以覆膜条播大行距为主，垄面宽度在100 cm左右，每垄种植4行，株距25 cm，每穴下种2粒为宜。人工播种主要以条播小行距为主，单垄单行种植，垄面宽度15~20 cm，株距12~15 cm，每穴下种2粒为宜。

## 六、苗期管理

### （一）查苗、补苗

青贮饲用玉米在出苗后要做好查苗、补苗的工作，这是确保产量的关键。出苗后如果发现缺苗现象，需要从其他播穴中间苗进行补苗，避免出现少苗断垄现象，从而保证苗全、苗齐。

### （二）间苗

在青贮饲用玉米长出2~3片真叶时要进行间苗。间苗时要将病苗、小苗、弱苗、杂苗拔除，将强壮的健康大苗留下；在长出4片真叶时进行定苗，定苗需要确定最适宜的种植密度，这受到多种因素的影响，需要根据品种和地力来开展定苗工作。

### (三) 苗期除草

在青贮饲用玉米的苗期，易受杂草的侵害，出现杂草与植株争水、肥和阳光的现象，会消耗土壤中大量的养分和水分，并且杂草还常有多种虫害，会引起田间虫害发生，因此，在青贮饲用玉米的生长过程中需要根据实际生长情况适时进行人工中耕除草，一般进行2~3次。第一次除草选择在玉米播种后至出苗前，播种后7 d内，第二次除草最佳时间选择在青贮饲用玉米3~5叶期。

### (四) 合理施肥

青贮饲用玉米在整个生育期对养分的需求量也要较普通玉米多一些，并且大部分养分都是从肥料中获得的，除了要在播种前施足基肥外，还需要根据植株的生长情况合理追肥。青贮饲用玉米需要的主要元素是氮（尿素）、磷（磷酸钙）、钾（氯化钾），其中氮是主要的营养成分，可以确保青贮玉米植株高大、粗壮，叶片数高，从而提高产量。磷可以增强青贮玉米的抗旱能力，钾则可以增强青贮玉米的抗倒伏能力。青贮饲用玉米的施肥量中，基肥占总施肥量的70%，另外30%为追肥。第一次追肥一般在拔节期（6~9叶期间），追肥量以总追肥量的25%为宜（90 kg/亩），以氮肥（尿素）为主，磷钾肥（磷酸二氢钾复合肥）为辅；第二次追肥在青贮饲用玉米进入抽穗期时进行，追肥量为总追肥量的5%，可选用氮磷钾复合肥（20 kg/亩）；施肥时肥料跟玉米植株距离不能低于5 cm，避免出现烧苗现象。

### (五) 病虫害防治

青贮饲用玉米易受到多种病虫害的为害而产量严重下降，因此，要做好病虫害的防治工作。青贮玉米的主要病害包括大小叶斑病、茎腐病、锈病等，主要虫害包括蚜虫、红蜘蛛、地老虎、蝼蛄等害虫，在防治病虫害时可采取农业防治、化学防治等。农业防治主要包括倒茬轮作、合理密植等；化学防治主要包括有针对性地使用化学药剂将病虫害杀灭，如防治大叶斑病时，可以使用甲基硫菌灵可湿性粉剂或者百菌清可湿性粉剂溶液进行喷洒防治。

## 七、适时收获

选择适合的时间收获对青贮饲用玉米产量和质量有一定的影响。玉米的最佳收割时期为籽粒乳熟末期到蜡熟前期，该时期秸秆的含水量比较高，能够达到65%~75%，同时植株的营养价值也比较高。一般情况下，尖扎地区宜在9月中旬收获，10月中旬则是同仁地区最佳收获时期。在收获之前一定要及时了解天气情况，不能在雨天收获，应该选择天气晴朗的时间收获。

# 第九章　中藏药材

## 第一节　川赤芍栽培技术

川赤芍（*Paeonia veitchii*）为毛茛科芍药属植物，是中国的特有植物，传统中药材，用药量大，是国内外中药市场的重要商品之一。根可药用，含芍药苷。川赤芍味苦，性寒，归肝脾经。具有清热凉血，祛瘀止痛，清热解毒、活血通经、清肝泻火的作用。

### 一、形态特征及分布

川赤芍为多年生草本植物，高40～120 cm。根圆柱形，单一或少分枝。茎直立，光滑无毛。茎下部叶为2回3出复叶；叶为二回三出复叶，小叶成羽状分裂，裂片窄披针形至披针形；花2～4朵，生茎顶端及叶腋，苞片2～3片，分裂或不裂，披针形，大小不等；花瓣数6～9，紫红色或粉红色。花期5—6月，果期7月。

分布于西藏东部、四川西部、青海东部、甘肃及陕西南部。

### 二、生物学特性

（一）对环境条件的要求

1. *海拔*

川赤芍主要分布于青藏高原边缘地带，生于山坡林下，海拔

2 550~3 700 m。土壤多为高原棕壤和暗棕壤。分布区的植被覆盖较好，因而形成了川赤芍生长的适宜区。

2. 温度

川赤芍具有喜光、抗旱及耐寒的特性，为典型的温带植物，适宜温暖气候条件，在年均温14.5 ℃、7月均温27.8 ℃条件下生长良好。可耐受的夏季最高温度为42.1 ℃，冬季可耐-46.5 ℃的低温，在我国北方可露地栽培越冬。

3. 光照

川赤芍喜光照，其植株在一年当中随着气候节律的变化，而产生生长期和休眠期的交替变化。其中以休眠期的春化阶段和生长期的光照阶段最为关键。芍药的春化阶段，要求0 ℃低温、经过40 d左右才能完成，然后混合芽方可萌动生长。芍药属长日照植物，花芽要在长日照下发育开花，混合芽萌发后，若光照时间不足或在短日照条件下通常只长叶不开花或开花异常。

4. 水分

川赤芍适宜湿润的气候条件，耐干旱不需多灌溉，但若缺水则花朵瘦小、花色不艳，对植株生长发育不利。

5. 土壤

川赤芍是深根系植物，要求土层厚、疏松且排水良好的沙质壤土，在黏土和沙土中生长较差；以中性或微酸性土壤为宜，土壤含氮量不宜过高，以防止枝叶徒长；生长期适当增施磷钾肥，以促使枝叶生长。

6. 种子特性

川赤芍种子在萌发过程中，具有上胚轴休眠的特性；发根要求高温；胚根伸长后，需低温条件（1~10 ℃），以打破上胚轴的休眠而发芽出土。

（二）生长发育特性

川赤芍在秋季采种后一周内进行播种，当年生根，再经过一段低温打破上胚轴休眠，翌春破土出苗。川赤芍是宿根，次年4月出芽，5—6月植株生长最盛，6—7月开花，8—9月种子成熟，这时根部生长迅速，10月植株逐渐枯萎，以休眠芽越冬，翌春返青再度生长，其中，8—9月是芍药苷含量最高时期。

## 三、种植环境

（一）适宜地区

川赤芍适宜于海拔1 800~3 500 m的地区种植。当地多在浅山旱地种植。

（二）气候条件

4—5月平均气温稳定达到10 ℃以上，年降水量达到350 mm的地区种植均可。

（三）土壤条件

栽植选择土质疏松、土层深厚，排水良好的平地或缓坡，要求土层厚度≥40 cm，沙质土壤，土壤pH值为6.7~7.5，排水良好。

## 四、繁殖方式

（一）分株繁殖

生产实际中川赤芍多用分株繁殖方法，即在第一年春季（4月、5月）将川赤芍种苗栽植到大田，到第二年秋季川赤芍根部已长出多个芍头时（8月、9月）将川赤芍挖出，将芍头人工分离，每个芍头单独成一株重新栽植到田里。

### （二）种子繁殖

一般秋季播种，在处暑前后川赤芍果变黑时采下，晾干，9—10月播种。播种前，要将待播的种子除去瘪粒和杂质，再用水选法去掉不充实的种子，芍药种子种皮较薄，较易吸水萌芽，但播种前进行种子处理，则发芽更加整齐，发芽率明显提高，常达80%以上。方法是用50~60 ℃温水浸种24 h，将其取出直至半干后进行播种。深翻耕地30 cm，然后打垄或作畦，畦高15 cm，畦宽100~140 cm，畦间距35 cm。将畦面顺向开浅沟，沟深5~7 cm进行条播，种子均匀撒入沟中，覆土5 cm左右，稍镇压。当年只长根不发芽，第2年春季发芽，4年后开花。培育两年后作种苗进行移栽，移栽方法同芍头栽法。种子繁殖因生长年限长，一般需用5年左右才能收获，生产上一般不采用。

## 五、田间管理

### （一）选地和整地

选择地势平坦，排水良好，土层深厚，土质疏松的平地。清除田间石块、杂草和草根，亩施优质有机肥3 000~4 000 kg，耙磨整平，打垄或作畦。如沙质较重透水好的地块，宜采用平畦；土质较黏且透水不良的地块，宜采用高畦。畦高15 cm左右，畦宽100~140 cm，畦间距35 cm。川赤芍以壤土及沙壤土最适宜，沙土次之，黏重的土壤则较差。

### （二）起苗

在第3年的4月中下旬起苗。面积小可人工起苗，面积大时也可用机械收，先割去地上枯茎，再用药材收刨机起苗，抖去泥土，剔除有病斑、分杈和机械破损的种苗。起获的种苗按长短进行分类，并打成小捆备栽。如果不能立即移栽，可选通风阴凉干燥处，用潮湿的河沙层积贮藏。选择根条形、无分杈、光滑无病斑、无锈病、无机械损伤的做种苗。

（三）栽植

川赤芍种苗栽植时间为4—5月，用机械开沟，沟深20 cm~30 cm，株行距20×30 cm。将种苗按45°斜摆在沟壁上，芽头离地面3 cm，再相向按行距30 cm开第2行沟，开沟同时将土覆盖到前排种苗上，种植5~6行后，用小型机械将地面耙平。以此类推，边开沟、边摆苗、边覆土、边耙糖。

芍头栽植时间为秋季（9月），芍头分离与播种同步进行，即一边分离一边播种。按照芍头个体大小在地面开沟，沟深30~40 cm，将芍头植株紧贴沟内坡面按20 cm×30 cm株行距的规格整齐放置后覆土，再在30 cm处继续开沟按照20 cm株距摆放芍头覆土，这样依次进行。芍头植株随分离随定植，尽量减少植株的离土时间，可保证芍头植株95%以上的成活率和出苗率。

（四）中耕除草

翌年幼苗萌发前，及时中耕除草，后续每个月除草1次，保持土质疏松。中耕松土以深3~5 cm为宜，避免伤害根部。幼苗出土后2年内，每年应中耕除草3~4次。结合除草，根培土。9—10月上旬地冻前剪除地面6~9 cm处枝叶，利于越冬。

（五）施肥及追肥

川赤芍全程最好使用有机质含量≥5%的专用有机肥或充分腐熟的农家肥。做基肥时有机肥使用量为1 000 kg/亩，农家肥

1~2 m³/亩。春季在植株栽植前将有机肥或农家肥均匀撒施到大田后旋耕，将肥料均匀翻入30 cm的耕作层。每年6—7月作追肥时，在距离植株15~20 cm的一侧，用小铲斜插土中30 cm，施入有机肥25 g。

从栽后第2年起，每年需追肥2~3次；第1次在4—5月中耕除草后，每亩施农家肥1 500~2 000 kg；第2次和第3次分别在6月和7月，每次每亩施入农家肥1 500 kg、饼肥25~30 kg，或穴施优质有机肥25 g，8月间隔15 d喷施有机叶面肥1~2次。

### （六）摘除花蕾

5月底至6月初，川赤芍结蕾开花。为了保证根部养分充足，在其开花结蕾时期，选择晴天将花蕾全部摘去，时间不宜过迟。留种的植株，可适当去掉部分花蕾，使保留下来的果实中的种子充实饱满。

### （七）修整根系

锄松植株间泥土，修整露出主根的部分，去除主根上的侧根。若主根腐烂，应同时去除腐烂部分，待伤口自行愈合。

将川赤芍种苗栽植后次年秋季挖出，再用芍头进行繁殖时的步骤，分离后的单独芍头一般无主根，留2~3个须主根，清理多余的须根防止发生争肥争水的现象。

### （八）越冬管理

每年进入冬季前，在清理枯枝残叶的同时，应培土1次，即沿川赤芍植株两侧均匀将松散稀土堆起，呈锥形状，两侧土壤用铁锹拍打紧实，培土厚10 cm左右，锥尖离地面5~6 cm为宜。培土可有效提高土壤墒情，防止冬季低温使得越冬植株发生冻害和越冬芽露出地面枯死现象，同时还能提高产量和质量。有条件的地区，可以进行冬灌。在11月中旬土壤未封冻前浇透水后再进行培土操作。冬季严格按培土方法和步骤操作，可使川赤芍的越冬率保持在90%以上。

（九）病虫害防治

贯彻"预防为主、综合防治"的植保方针，通过选用抗性品种、培育壮苗、加强栽培管理、科学施肥等栽培措施，综合采用农业防治、物理防治、生物防治，配合科学、合理地采用化学防治，将有害生物危害控制在允许范围以内。严格遵守农药间隔安全使用期。没有标明农药安全间隔期的农药品种，收获前30 d停止使用，农药的混剂执行其中残留性最大的有效成分的安全间隔期。

常见病害有白粉病、锈病、灰霉病、炭疽病。

1. 白粉病

症状：发病初期叶片两面均可产生近圆形的白色小粉斑，后逐渐扩大连片呈边缘不明显的白粉斑，甚至布满整叶。后期叶片两面及叶柄、茎秆都可受害，产生有污白色霉斑，并散生黑色小粒点，为病原菌有性世代的闭囊壳。

发生特点：病菌主要以菌丝体在田间病株或以闭囊壳在病残体上越冬。初侵染产生的分生孢子通过气流传播，可频繁再侵染。一般在6月初、气温20 ℃以上为初发期，随着气温的升高，7月、8月为盛发期。液态水存在不利于发病，但土壤缺水或灌水过量、氮肥过多、枝叶生长过密、通风透光不良等利于发病。

防治方法：秋末及时将地上部分剪除并清理烧毁，花后及时疏枝，剪除残花，发病较轻时及时摘除病叶并烧毁，保持田园卫生。

2. 锈病

症状：以为害叶片为主，受害叶片正面初期为圆形、椭圆形或不规则黄绿色小点，叶背相应部位产生黄褐色夏孢子堆。后期病斑灰褐色，产生褐色冬孢子堆。严重发病可造成叶片早期大量枯死。

发生特点：病菌以菌丝或冬孢子堆在寄主病组织上越冬。次年5月上旬开始发病，并产生夏孢子不断侵染蔓延。后期形成冬孢子，萌发后可侵染松属植物。

防治方法：及时彻底清除病残体，集中烧毁，减少侵染源。在发病初期喷0.3~0.4波美度石硫合剂或97%敌锈钠400倍液，效果良好。

3. 灰霉病

症状：茎、叶、花均可受害，一般花后发生严重。叶尖、叶缘产生近圆形或不规则形水渍状病斑，褐色、紫褐色至灰色，不规则轮纹状。潮湿时，叶背具灰色霉层。茎部病斑梭形，紫褐色；花部受害易变褐软腐，造成花瓣腐烂，引起植株顶枝枯萎等。若茎、叶、花三个部位同时发病，可致川赤芍严重减产，甚至绝收。

发生特点：病菌以菌丝体、菌核和分生孢子在土壤及病组织或粪肥中越冬，翌年产生的分生孢子随气流、风雨及灌溉水、田间操作等途径传播、侵染与为害，具有多次再侵染。环境条件适宜易造成病害流行，低温高湿条件下发病严重，一年具有春、秋2个发病高峰期：3—4月和9—10月，气温8~23℃、相对湿度90%以上利于发病。偏施氮肥、排水不良、光照不足及连作地块可加重灰霉病发生。

防治方法：搞好田园卫生。植物生长期及时剪除发病株枝叶与花朵，秋后剪除并及时清理枯枝、落叶、败花及杂草等。加强水肥管理。合理施肥，避免过多施用氮肥，适当增施磷钾肥，有机肥要充分腐熟；选择沙壤土栽培，适量浇水，避免渍水，防止烂根。选育无病壮苗。选择生长健壮、无病的母株作分株繁殖植物。合理密植。植株需合理密植，加强修剪，改善通风透光，降低田间湿度，减少发病率。易发病期和发病初期用1∶1∶100波尔多液喷洒，每隔10~14 d喷1次，连续进行3~4次。

4. 炭疽病

症状：以为害叶片为主，叶柄及茎均可受害。叶片病斑初为长圆形，后扩大成黑褐色不规则的大型病斑，表面略下陷。湿度大时病斑表面出现粉红色黏稠孢子堆，严重时病叶下垂。茎部发病与叶片相似，严重时会引起倒伏。

发生特点：病菌以菌丝体在病株或病残体上越冬，翌年产生分生孢子随风雨传播，从伤口侵入寄主进行为害，具有多次再侵染。在8—9月高温多雨时发病严重。

防治方法：搞好田园卫生。病害流行期及时摘除发病组织，秋冬季节彻底清除病残体，减少病菌数量及来源。

常见虫害主要有蚜虫类、叶螨类、蝼蛄类、小地老虎、蛴螬类、金针虫等，主要为害根部。防治方法：马拉硫磷乳剂1 000~15 000倍液或敌敌畏乳油1 000倍液进行喷施，或使用适量的辛硫磷防治，用量2 kg/亩与细土混合制成毒土，结合整地撒入土中毒杀。上述方法都是连续每7 d用药一次，连续使用2~3次。

（十）采收

芽头繁殖后第3年、第4年的8—9月，采收川赤芍的老根。采收时，割除茎叶，挖出全根，除去泥土。

（十一）加工

除去根茎、须根及支根，洗净泥土，晒至半干，按大小分别捆把，再晒至足干，或刮去粗皮后晒干。

## 第二节 藏木香栽培技术

藏木香为菊科植物，以植物的根入药，性味归经，味辛，苦，性温。具健脾和胃、调气解郁、止痛、安胎功效，用于治疗慢性胃炎、胃肠功能紊乱、肋间神经痛、胸壁挫伤和岔气作痛、胎动不安等症。此外，藏药还用于清血热，祛风、治风热证、血热证。

### 一、形态特征与分布

藏木香是多年生草本植物，它的主根粗壮，与其他植物相比具有一定特殊的香气。藏木香的基生叶是三角状卵形，上边的长柄是翅状羽裂，叶缘是浅裂，茎生叶呈三角状的卵形或者卵形，基部的下延无柄或者成具翅的柄。藏木香为头状花序，外层有多个总苞片。藏木香的花则为两性，呈暗紫色，是一种管状的花，子房在下位，花期为7~8个月，果期则为8~9个月。

### 二、种植环境

（一）适宜地区

藏木香适宜于海拔1 800~3 300 m的地区种植。当地多在浅山旱地种植。

（二）气候条件

4—5月的平均气温稳定达到10 ℃以上，年降水量达到350 mm的地区种植均可。

## （三）土壤条件

要求土层厚度≥40 cm，沙质土壤，土壤pH值为6.7~7.5，排水良好。

## 三、繁殖方式

在高原地区种植藏木香主要采用种子播种的方式，包括春播和秋播。一般情况下在3月中旬至4月上旬春播，8月下旬至9月中旬秋播。种子采收后需晒干，除去杂质。播种前做好种子处理工作，使用温汤浸种方法，即用50~60 ℃温水浸泡种子并且不断搅拌，待水凉后除去杂质和秕粒，取出沉于底部的饱满种子，将饱满种子浸泡24 h，取出晾至半干进行播种。

种子采集情况：于9月当茎秆由青色变褐色，冠毛接近散开时，种子即成熟，及时割取健壮植株，剪下果穗，扎成小捆倒挂于通风干燥处，促使总苞散开，抖出种子，除去杂物，晒干后用麻袋或木箱包装并贮存于通风干燥处。在花期，每株选一个较大花蕾留种，其余花蕾全部摘除，以保证种子饱满，发芽率高。

## 四、田间管理

### （一）选地和整地

选择缓坡地，排水良好，土层深厚，疏松、肥沃、富含腐殖质的壤土或者沙质壤土栽培。地势低洼很容易发生洪涝灾害并且出现烂根的情况。对于新开垦的土地要彻底处理杂草，通过深翻将枯枝和杂草等翻埋在地下，直至翌年的春季再做一次深翻处理，也可以在种植过马铃薯、玉米等作物的土地上种植藏木香。

播种前要深耕，按土壤肥力状况施腐熟肥料300~4 000 kg/亩，整地时按照40~50 cm行距合理地开沟作业，适量的腐熟肥料作基肥，有效预防病虫害的发生。在翻耕过程中要保证有机肥的均匀性，将土块打碎、耙平，平整地面，做成高畦。畦宽1.5 m，畦高约20 cm。

### （二）播前准备

1. 选种

选择饱满、无病虫害的藏木香种子，净度≥95%，千粒重>22 g，发芽率≥75%。

2. 种子处理

50~60 ℃温汤浸种后，再浸泡24 h，阴干备用。

### （三）播种

春播于4月中上旬，秋播于9月中上旬，以春播为宜。用种子播种时，采用穴播，行距40~45 cm，穴深3~5 cm。将种子均匀撒入穴内，每穴10~12粒，覆土2~3 cm，根据墒情适当浇水。播种量1.0~1.5 kg/亩。

用种苗栽种时采用穴栽，每个根蘖带2~3芽较为经济，穴深15 cm左右，株行距30 cm，根芽朝上。

### （四）中耕除草

藏木香每年需中耕除草3次或者4次，如果藏木香出苗后出现了杂草要及时拔除。由于这时藏木香幼苗的根系较浅，在去除杂草过程中要注意不要伤到幼苗的根系，否则会导致幼苗死亡。藏木香幼苗长出6片或7片叶子时，可以进行第二次除草，待到7月中下旬可进行第三次除草。在藏木香生长的第二年，如果返青苗长出了新叶，要进行第一次除草，在7月中下旬则要进行第二次中耕除草。在第三年返青出苗整齐后，可以进行一次间苗并且进行中耕除草。

## （五）施肥及追肥

藏木香全程最好使用有机肥或充分腐熟的农家肥，选择有机质含量≥5%的专用有机肥，作基肥时的用量为1 000 kg/亩，腐熟农家肥1~2 m³/亩。

施肥的方法和时间：作基肥时，春季在植株栽植前将有机肥或农家肥均匀撒施到大田后旋耕，将肥料均匀翻入30 cm的耕作层。每年的6—7月作追肥时，在距离植株15~20 cm的一侧，用小铲斜插土中30 cm，施入有机肥25 g。

## （六）间苗和补苗

当藏木香苗长至3~4片真叶时，要进行间苗和补苗。在苗期，需要间苗两次，当苗长出2~3片真叶时可以第一次间苗；当苗长出4片真叶时可以进行第二次间苗，要保证每亩苗的株数在合理的范围内。需保证每个穴留2~3株苗，如缺苗，及时补苗，有效苗8 000~9 000株/亩。

## （七）割花薹

播后次年5月，部分植株抽梗开花，应在抽薹时割掉顶端，避免影响根部的生长；第三年除种株外，其余的花薹也要割除。

## （八）越冬管理

第一、第二年的秋天均要在根部培土一次。地上部枯萎后，培土厚12 cm左右，可有效防止冬季低温，同时还能提高产量和质量。

## （九）病虫害防治

1. 病害

根腐病和叶斑病是藏木香生长过程中遇到的主要病害，一般情况下,在雨季发病的概率较高,7—8月是这两种病的高发期。

对于根腐病,田间管理时要防止对其根部进行损害,严格执行检疫工作,不能使用带菌的种子。同时要及时拔除发病的株苗,使用生石灰对土壤进行消毒,防止根腐病进一步传播和蔓延。如果发现藏木香苗已经出现了根腐病,要使用适量的托布津或者多菌灵喷洒到藏木香苗的根部。

对于叶斑病,在雨季期间可在晴天喷洒适量的波尔多液预防叶斑病的发生。一旦发现藏木香苗发病,在藏木香叶面上喷洒适量的退菌特、百菌清等药剂,同时要保证药剂交替使用。

2. 虫害

蚜虫、地老虎等虫害是藏木香生长中经常遇到的虫害。

蚜虫在夏末秋初为害藏木香茎叶,用马拉硫磷乳剂1 000~1 500倍液或敌敌畏乳油1 000倍液进行喷施。

对地老虎可以使用适量的辛硫磷和敌百虫进行防治,每7 d用药1次,连续使用2~3次。交替使用效果较好。

(十)采收

藏木香栽培3年后,就可及时采收。一般在秋分后茎叶枯黄后,选择晴天进行采挖。去除茎叶泥土,切去根部茎秆和叶柄,运回加工。

(十一)加工

挖回的藏木香根及时加工,趁鲜切成片后晒干或烘干。干燥后不沾水,以防腐烂。

# 第十章　农业生产实用技术

## 第一节　马铃薯机械化生产技术

### 一、技术概述

青海省马铃薯种植面积9.6万hm$^2$，占全省农作物面积的18%，其中马铃薯机械化种植面积仅有3.6万hm$^2$。青海省马铃薯种植的区域是山旱地，种植环节当中，有些生产环节只能采用人工种植，而部分环节可以采用机械化。马铃薯机械化种植能够减少种植人员的工作时间与劳动强度，同时提高马铃薯的种植效率，是一种高效率种植模式。青海省马铃薯全程机械化种植一般按照整地、播种、施肥、除草、病虫害防治、收获等环节逐渐完成。目前，马铃薯机械化生产技术是利用马铃薯播种机一次性完成土壤旋耕、开沟、播种、施肥、喷药、覆膜、起垄等复式作业。

### 二、增产增效情况

实现马铃薯机械化生产后，每亩至少可节省5~8个人工，如果算上收获后的捡拾环节，节省人工将超过10个工，其生产效率将比人工提高8倍以上，增产幅度超过5%，亩节本增效超过500元。

## 三、技术要点

### （一）主要操作规范

1. 播种前准备工作

机械化深松或深耕及整地作业，按配方施肥要求准备肥料，机械化播撒。

2. 机械播种

种植时，使用洪珠马铃薯种植机播种。种植作业播种量控制在 $2\,100 \sim 2\,250$ kg/hm² （140~150 kg/亩），行距60~70 cm，株距18~22 cm，播种深度15~18 cm，重或漏播率小于4%。播种时，一般采用单垄单行或单垄双行。种薯机械化生产时根据不同品种，密度采用16（株距24 cm）~21齿（株距31.5 cm）之间，采用机械双行点播种植（洪珠2CM—1/2型单垄双行马铃薯播种机）。

3. 机械化植保

根据作物的长势情况及病虫害发生情况，采用植保机进行机械喷药作业，防止病虫害发生。适用于农户作业的植保机械为背负式喷雾喷粉机，此机价格较低，作业范围广，操作简单。大田作业的担架式喷雾机，该机作业效率高，防治面积大，适合农机服务组织或农机大户开展跨区作业，但要求条件是有水源，且价格较高。常温烟雾机，该机最适合集中连片的温棚使用，但要求是必须有电源，价格较高。喷杆式机动喷雾机，该机适合青海省牧区大面积平坦地作业，工作效率高，但价格较高，对机手的要求高。植保无人机，作业效率高，用药量少，不受地形限制，适用于作物各生长周期。

4. 机械化收获、运输、储存及分选

选用1JH-150、1JH-110杀秧机，4UM-1型收获机，4JS-100型捡

拾机，配套30～45马力的四轮拖拉机开展机械化杀秧、收获及捡拾作业。选用储运箱运输机械，通过技术改进和工艺优化，改造出木质转运箱专用运输机械，降低劳动强度，提升了马铃薯种薯及商品薯生产效率。结合转运箱的应用，减少机械损失，降低了种薯及商品薯生产过程中损失，从而保障马铃薯产量和质量，为马铃薯高效生产提供轻简化技术和实用设备。此外，研发的翻转机解决了储运箱中种薯的分选，减少人力倾倒。收获过程如下：①收获前10 d左右机械割秧、碎秧，使薯皮老化，减少收获时的损失。②在马铃薯成熟收获期，土壤含水率小于20%时进行机械化收获作业；收获作业中正确调整挖掘深度；行驶速度一般控制在2.0～2.5 km/h。③机械收获起净率大于98%，明薯率大于98%，破损率小于2%。④作业结束后，及时清除机具上的泥土、杂草，加注润滑油，并涂防锈油，停放在干燥通风的库房内。⑤留在田间的薯块集中堆放，夜间加以覆盖，防止冻伤，捡拾后的马铃薯及时入窖（库）贮藏。⑥将薯块集中捡拾到转运箱中，一方面便于运输，降低劳动强度；另一方面便于存放。⑦种薯分选过程中，利用翻转机进行倾倒以减少人工成本。

（二）平作、垄作与起垄铺膜技术要点

1. 平作全程机械化技术流程

整地→施肥播种→出苗5～10 cm后起垄→机械化药剂除草→出苗10～15 cm后扶垄→花期前追肥扶垄→收获前7～10 d杀秧→用振动式收获机进行收获→机械化捡拾。

播种时注意根据品种不同调整播量、苗数及株距行距，种薯采用三角形排列和宽窄行布局，以利于后续机械化作业。起垄时注意起垄高度不能高于苗高度，扶垄时同样不能压苗。平作基本参数为插深10～15 cm、宽行的行距（50±5 cm）、窄行的行距（20±2）cm。

2.垄作全程机械化技术流程

整地→施肥播种起垄喷药→出苗10~15 cm后扶垄喷药→花期前追肥扶垄→收获前7~10 d杀秧→用振动式收获机进行收获→机械化捡拾。垄作基本参数为垄底宽（70±4）cm、垄顶宽（30±5）cm、垄高20~25 cm，行距为（20±2）cm；播种时注意根据品种不同调整播量、苗数及株距行距，种薯采用三角形排列和单垄双行布局，四轮拖拉机采用双垄四行布局，播种时同时完成喷药处理。

3.起垄铺膜全程机械化技术流程

整地→施肥播种起垄喷药铺膜→出苗前上土压膜→收获前7~10 d杀秧→用振动式收获机进行收获→机械化捡拾→残膜回收。起垄铺膜作业基本参数为播深10~15 cm、垄底宽70~100 cm、垄顶宽（50±5）cm、垄距（130±10）cm、垄高20~25 cm，种薯行距为22~28 cm，株距20~35 cm；种薯呈三角形排列。选用0.008 mm以上厚度的地膜，在苗芽离地膜2~3 cm时进行机械化上土压膜作业，防止烧苗的发生，确保出苗顺利。

# 第二节　马铃薯贮藏关键技术

## 一、技术概述

随着马铃薯加工业的发展和市场价格的拉动，马铃薯种植面积逐年扩大，农户冬贮马铃薯数量比以前明显增多。马铃薯的贮藏技术能够保证马铃薯种薯最佳的再生产能力，保证商品薯品质，满足各种市场需求。马铃薯种薯质量不但影响着马铃薯的产量、品质和种植效益,还影响着新品种推广和病虫害综合防治。长期以来,由于青海省马铃薯贮藏设施和贮藏技术落后,一直困扰着马铃薯产业发展。近年来马铃薯贮藏越来越受到各级政府,特别是马铃薯种植合作社、种植户及农民的关注,通过各种渠道积极筹措资金修建马铃薯贮藏窖,大大地改善了马铃薯贮藏条件,提高了马铃薯产业效益。

## 二、增产增效情况

降低马铃薯贮藏期间的损失率,防止块茎贮藏病害的严重发生,保持种薯或鲜薯的质量。

## 三、技术要点

### (一)贮藏窖址和窖型选择

1. 窖址选择

选地势高、地下水位低、排水良好、土质坚实、向阳背风和保温的地段。

2. 窖型选择

(1)平窖。适用于土质坚实的山坡。在山坡挖成顶为半圆形,高2.0~2.5 m、宽1.5~2.0 m的窖洞,长度按所需贮藏量而定。窖洞式贮藏窖用砖砌门,要求砌两道门,门顶留有通气孔。

(2)"非"字形窖。选择地势高的地方建窖。根据贮藏量先挖成"非"字形窖洞,再用砖砌成。顶用土覆盖,覆盖厚度1.5~2.0 m,中间走道距地面50 cm处留通风道,每个偏洞里距窖顶50 cm处留通风道,通风道内径20~40 cm,高度应高出窖顶1.5 m。

(3)马铃薯恒温恒湿贮藏库。该贮藏库由冷藏室和空调室组成，其特征是冷藏室由顶端的回风通道和底部的地沟送风通道构成。空调室内依次设有加热器、消声器、送风机、表冷器、高压微雾加湿机组，消声器设置在送风机左右两侧。冷藏室内设有温度传感器Ⅰ、湿度传感器和二氧化碳传感器，地沟送风通道通过送风管与空调室连通，空调室一侧设有鼓风机，鼓风机与空调室连通处设有温度传感器Ⅱ。本实用新型技术能够做到恒温恒湿控制，贮藏保鲜效果好且适合于大储量的马铃薯贮藏保鲜。

（二）贮藏前技术措施

1. 适时收获

当田间植株茎叶枯黄90%以上时收获，选择晴天收获。种薯收获期可提前15~20 d。

2. 预贮

收获的马铃薯块茎置于阴凉处，通风场所摊开，用草帘遮光，预贮10~15 d。

3. 选薯

马铃薯块茎入窖前去掉其上附着泥土，剔除病、烂薯，防止马铃薯块茎在窖内发病。

（三）贮藏窖消毒

1. 农户平窖

马铃薯入窖前，将窖内表层土铲除2~3 cm，清理到窖外。窖内用麦草熏蒸。

2. "非"字形窖

用25%瑞毒霉可湿性粉剂1 000倍液，或80%代森锰锌可湿性粉剂500倍液在窖内喷洒后,敞开窖门通风3~5 d。

（四）窖内温湿度控制

窖温的调节是靠窖门和通气孔的通风换气来进行的,温度控制在1~3 ℃,相对湿度控制在75%~85%。

1. 贮藏初期

入窖至11月底。贮藏管理以降温散热为主。

2. 贮藏中期

12月至翌年2月。管理以防寒保温为主,外部温度下降到-5~-7 ℃时,堵上窖门,只留通气孔通气。

3. 贮藏后期

3—4月。贮藏管理重点是保持窖内低温,一般不要打开窖门和通气孔,防止外部热气进入窖内,以免窖内温度升高。

4. 农户平窖通风

可在地面挖成"十"字形或"丰"字形的通气沟,深度和宽度20 cm,并与窖壁相连,在沟的上面铺上一层5 cm厚的麦秆。

（五）贮藏量

1. 适宜贮藏量

适宜贮藏量（kg）=窖的总容积（$m^3$）×650×65%。

利用容积约占整个窖容积的65%,一般每1 $m^3$的块茎重量为650~750 kg。最大贮藏量占窖内容积的75%。

2. 窖内薯堆高度

散装薯堆高度为1.0~1.2 m,袋装一般堆高放6~8层。

### 3. 恒温恒湿贮藏库

贮藏库要定期对温湿度进行检测和记录，以确保温湿度控制的准确性和稳定性。做到恒温、恒湿控制，可大大提高马铃薯保鲜效果。

## 第三节 蔬菜有机肥替代化肥技术

### 一、技术概述

有机肥替代化肥技术是在蔬菜生产中，部分或全部肥料用各类有机肥代替化肥的技术，它是实现蔬菜化肥"零增长"的重要技术之一。有机肥的应用不仅可以提高蔬菜产量和品质，还可以改善菜地土壤理化性状，增加土壤养分含量，培肥地力。目前，青海省以"有机肥+配方肥""有机肥+叶面肥""有机肥+水肥一体化""绿肥养地倒茬"等模式开展有机肥替代化肥技术示范。

### 二、增产增效情况

蔬菜有机肥替代化肥技术应用是产业绿色高质量发展的必然趋势，也是改善菜田土壤结构、减轻连作障碍、提升蔬菜品质、增长蔬菜产品保质期（货架期）等的有效途径。

有机肥与化肥混用可取长补短，满足作物各个生长期对养分的需求，并且能够促进作物对养分和水分的吸收。

可以减少化肥与土壤的接触面，减少化肥被土壤固定的概率，提高养分的有效性。

能提高土壤的缓冲能力，有效地调节酸碱度，使土壤酸性不至增高。

能促进微生物的活力，进而促进有机肥的分解。土壤微生物的活动还能产生维生素等，增加土壤养分，提高土壤活力，促进作物的生长。

## 三、技术要点

### （一）结合深翻、深松，实施深施基肥技术模式

1. 施肥方法

有撒施和沟施及两者结合使用等方法：

撒施：一是要撒施均匀，二是深翻入耕作层15~20 cm。

沟施：开沟宽75 cm，沟深15~20 cm，将肥料和土混填入沟中，起垄覆膜。

2. 施肥时间

一是秋天施肥；二是播种前施肥；三是水地施肥浇水7 d后播种定植，旱地施肥翻耕15 d后播种定植。

3. 施肥量

按不同蔬菜种类需肥要求确定，露地蔬菜每亩商品有机肥不少于0.9 t，设施蔬菜商品有机肥不少于1.5 t。

4. 施肥过程

通过深翻、深松，使土肥充分混合，上下土层混合，减轻表土板结，降低土壤容重，提高土壤通透性，达到培肥地力、减少化肥用量的目的。采用先施基肥（可分期施肥），再浇水，最后播种定植方法。

## （二）追施肥"少量多次"，按需施肥技术模式

选择含氨基酸或腐殖酸的有机水溶肥。

追肥按常规追肥时间选择氮、磷、钾的适宜的配比水溶肥进行追肥操作。

追肥量：每次随水追肥5.0~10.0 kg/亩，叶面肥施肥量和比例按叶面肥产品使用说明进行调配。

追施方法：设施内可利用水肥一体化设施通过膜下暗（滴）灌的形式进行追施；露地平畦则随水追施，垄栽则叶面追施。

# 第四节　设施蔬菜水肥一体化技术

## 一、技术概述

为克服大水漫灌、盲目施肥引起的水资源利用率低、肥料养分严重流失、环境污染加剧和农产品品质下降等问题，青海省积极示范推广设施蔬菜水肥一体化集成技术，把节水与节肥增效有机结合起来。水肥一体化技术是将灌溉技术与配方施肥技术融为一体的农业技术，就是利用节水灌溉系统，根据不同蔬菜的需水需肥特点、种植地的土壤肥力情况等，将含有该种蔬菜所需各种营养物质配成液体肥料与灌溉水按一定比例混配，后输送到蔬菜根部土壤，使水和肥料在土壤中以优化的组合状态供给蔬菜植株吸收的一项综合性技术。

## 二、增产增效情况

### （一）提高水的利用率

滴灌水的利用率可达95%。一般比地面浇灌节水30%～50%，有些作物节水可达80%左右，比喷灌节水10%～20%。

### （二）节省肥料

适时适量地将水和营养成分直接送到蔬菜根部，提高肥料利用率，达到节省肥料的目的。

### （三）节省劳力

滴灌水是管网供水，操作方便，而且便于自动控制，因而可节省劳力。同时是局部灌溉，大部分地表保持干燥，减少了杂草的滋生，进而减少用于除草的劳力。

### （四）灌溉均匀

灌溉系统能够做到有效地控制每个灌水器的出水流量，灌溉均匀度高，一般可达80%～90%。

### （五）便于农作管理

灌溉只湿润作物根区，其行间空地保持干燥，在灌溉的同时，也可以进行其他农事活动，减少了灌溉与其他农作的相互影响。

### （六）减少病虫害的发生

滴灌水可以降低室内的空气湿度，减少病虫害的发生和农药使用量，减少农药残留，提高了蔬菜品质。

### （七）提高农作物产量

滴灌可以给作物提供更佳的生存和生长环境，使作物产量大幅度提高，一般增产幅度达30%～80%。

### （八）提早供应市场

使用滴灌系统，设施蔬菜一般可提早上市15～30 d。

### （九）延长市场供应期

良好的生长环境可使蔬菜在更长时间内保持旺盛生长，从而可延长市场供应期，以获得最佳收入。

## 三、技术要点

### （一）水肥一体化灌溉制度的确定

根据设施蔬菜的需水量确定灌水定额。水肥一体化的灌溉定额应比大水漫灌减少50%。灌溉定额确定后，依据蔬菜的需水规律及土壤墒情确定灌水时期、灌水次数和每次的灌水量。

### （二）水肥一体化施肥制度的确定

滴灌技术与传统施肥技术之间存在显著的差别。合理的水肥一体化制度，应首先根据设施蔬菜的需肥规律、地块的肥力水平及目标产量来确定总施肥量、氮磷钾比例，以及底肥、追肥的比例。

### （三）水肥一体化肥料的选择

水肥一体化技术追肥的肥料品种必须是可溶性肥料，纯度较高，杂质较少，溶于水后不会产生沉淀。用于补充微量元素的追肥肥料，一般不能与磷素追肥同时使用，以免形成不溶性磷酸盐沉淀，堵塞滴头或喷头。

## （四）主要蔬菜水溶肥使用技术要点（参考使用模式）

### 1. 辣椒滴灌模式施肥

叶面喷施：促进生长，分别用N-P-K为20-20-20和N-P-K为16-8-34的叶面肥交替喷施，每7 d喷1次，浓度0.2%（表10-1）。

表10-1　叶面喷施辣椒滴灌模式施肥

| 施肥阶段 | 天数（d） | N-P-K配方 | 每天施肥量（kg/亩） | 灌溉施肥次数 | 每次灌水量/（m³） |
|---|---|---|---|---|---|
| 定植初期 | 10 | 15-30-15 | 0.5 | 2 | 10～15 |
| 营养生长—坐果 | 25 | 20-20-20 | 0.8 | 5 | 5～8 |
| 坐果—第一次收获 | 20 | 19-8-27 | 0.8 | 5 | 5～8 |
| 第一次收获—收获终结 | 100 | 19-8-27 | 0.8 | 20 | 5～8 |

### 2. 番茄滴灌模式施肥

叶面喷施：促进生长，分别用N-P-K为20-20-20和N-P-K为16-8-34的叶面肥交替喷施，每7 d喷1次，浓度0.2%（表10-2）。

表10-2　叶面喷施番茄滴灌模式施肥

| 施肥阶段 | 天数（d） | N-P-K配方 | 每天施肥量（kg/亩） | 灌溉施肥次数 | 每次灌水量（m³） |
|---|---|---|---|---|---|
| 定植初期 | 10 | 15-30-15 | 0.5 | 2 | 10～15 |
| 营养生长—坐果 | 25 | 20-20-20 | 0.8 | 5 | 5～8 |
| 坐果—第一次收获 | 20 | 19-8-27 | 0.8 | 5 | 5～8 |
| 第一次收获—收获终结 | 100 | 19-8-27 | 0.8 | 20 | 5～8 |

### 3. 黄瓜滴灌模式施肥

叶面喷施：促进生长，分别用N-P-K为20-20-20和N-P-K为16-8-34的叶面肥交替喷施，每7 d喷1次，浓度0.2%（表10-3）。

表10-3　叶面喷施黄瓜滴灌模式施肥

| 施肥阶段 | 天数（d） | N-P-K配方 | 每天施肥量（kg/亩） | 施肥量（kg/亩） | 每次灌水量（m³） |
|---|---|---|---|---|---|
| 定植初期 | 10 | 15-30-15 | 0.6 | 3 | 10~15 |
| 营养生长—坐果 | 30 | 20-20-20 | 0.8 | 6 | 5~8 |
| 坐果—第一次收获 | 15 | 19-8-27 | 1.2 | 5 | 5~8 |
| 第一次收获—收获终结 | 90 | 16-8-34 | 1.2 | 30 | 10~15 |

### 4. 茄子滴灌模式施肥

叶面喷施：促进生长，分别用N-P-K为20-20-20和N-P-K为16-8-34的叶面肥交替喷施，每7 d喷1次，浓度0.2%（表10-4）。

表10-4　叶面喷施茄子滴灌模式施肥

| 施肥阶段 | 天数（d） | N-P-K配方 | 每天施肥量（kg/亩） | 施肥量（kg/亩） | 每次灌水量（m³） |
|---|---|---|---|---|---|
| 定植初期 | 10 | 15-30-15 | 0.5 | 3 | 10~15 |
| 营养生长—坐果 | 20 | 20-20-20 | 0.75 | 5 | 5~8 |
| 坐果—第一次收获 | 40 | 19-8-27 | 1.0 | 10 | 5~8 |
| 第一次收获—收获终结 | 60 | 16-8-34 | 1.0 | 15 | 5~8 |

### 5. 西葫芦滴灌模式施肥

叶面喷施：促进生长，分别用N-P-K为20-20-20和N-P-K为16-8-34的叶面肥交替喷施，每7 d喷1次，浓度0.2%（表10-5）。

表10-5　叶面喷施西葫芦滴灌模式施肥

| 施肥阶段 | 天数（d） | N-P-K配方 | 每天施肥量（kg/亩） | 施肥量（kg/亩） | 每次灌水量（m³） |
|---|---|---|---|---|---|
| 定植初期 | 10 | 15-30-15 | 0.5 | 3 | 10~15 |
| 营养生长—坐果 | 20 | 20-20-20 | 0.75 | 5 | 5~8 |
| 坐果—第一次收获 | 40 | 19-8-27 | 1.0 | 6 | 5~7 |
| 第一次收获—收获终结 | 60 | 16-8-34 | 1.0 | 6 | 5~7 |

6. 莴苣滴灌模式施肥

叶面喷施：促进生长，分别用N-P-K为20-20-20和N-P-K为16-8-34的叶面肥交替喷施，每7 d喷1次，浓度0.2%（表10-6）。

表10-6　叶面喷施莴苣滴灌模式施肥

| 施肥阶段 | 天数（d） | N-P-K配方 | 每天施肥量（kg/亩） | 灌溉施肥次数 | 每次灌水量（m³） |
|---|---|---|---|---|---|
| 定植初期 | 5 | 15-30-15 | 0.5 | 1 | 10~15 |
| 营养生长 | 25 | 20-20-20 | 0.75 | 4 | 7~10 |
| 营养后期 | 40 | 22-12-22 | 0.75 | 8 | 7~10 |

## 第五节　农业秸秆资源化利用技术

### 一、技术概述

农业秸秆资源化利用技术是利用专用菌种使小麦、玉米、蔬菜等秸秆发酵还田,通过产生有机、无机养料等有益营养物质来促进作物生长发育,从而提高作物产量和品质的一项农业技术。该技术在提高蔬菜质量、菜田养分提升、改良土壤理化性状和克服连作障碍等方面有显著作用。

## 二、增产增效情况

### (一)增加 $CO_2$ 浓度

一般可使作物群体内 $CO_2$ 浓度提高4~6倍,光合效率提高50%以上,生长加快,开花坐果率提高,标准化操作能平均增产30%左右,农作物产品的品质显著提高。

### (二)提升温度

冬季里温室20 cm地温提高4~6 ℃,气温提高2~3 ℃,生育期提前10~15 d。

### (三)防治病虫害

菌种在转化秸秆过程中产生大量的抗病孢子,对病虫害产生较强拮抗、抑制和致死作用,疫病、根腐病等发病率显著降低,农药用量减少50%以上。

### (四)改良土壤

在秸秆生物反应堆种植层内,20 cm耕作层土壤孔隙度提高1倍以上,有益微生物群体增多,各种矿质元素被定向释放出来,有机质含量增加10倍以上。

### (五)提高资源利用效应

提高了微生物、光、水、空气游离氮等自然资源的综合利用率。据测定,在 $CO_2$ 浓度提高4倍时,光利用率提高2.5倍、水利用率提高3.3倍。

## 三、技术要点

技术示范区蔬菜种植选用高产、优质、抗病蔬菜品种，培育壮苗，采取标准化生产和病虫害绿色防控等措施，秸秆生物反应堆技术应用能发挥出很好的增产增收效应。

### （一）制作反应堆前的准备工作

1. 秸秆的选择

所有作物秸秆，如麦秸秆、玉米秸秆、蔬菜秸秆等都可利用。特别注意，类似于玉米等木质化程度较高的秸秆，不仅需要做晒干处理，更需要做压扁处理，同时配合麦秸秆以1∶1的比例使用，这样有利于反应堆更好、更快地发生反应。

2. 秸秆生物反应堆

每亩地秸秆用量、菌种、尿素及复合肥用量的比例，每亩温棚所需各原材料配比详见表10-7。

表10-7 每亩温棚所需要原材料配比

| 主要材料 | 发酵剂 | 调节剂（调节碳氮比） | 配肥（补充营养元素） |
|---|---|---|---|
| 各类作物秸秆 | 菌种 | 尿素 | 三元复合肥 |
| 3 000～4 000 kg | 8～10 kg | 10 kg | 40 kg |

### （二）反应堆的具体操作流程

1. 开沟

在温室内南北向开沟，长度与栽培畦等长，沟宽40 cm，沟长长25~30 cm，沟与沟的中心距离为100~120 cm（具体根据作物种类进行相应的调节）。

2. 铺秸秆

每沟铺满秸秆，高25~35 cm，沟两端底层秸秆露出10~15 cm，铺匀踩实，高出地面10 cm（先铺一层玉米秸秆，再铺一层麦秸秆，再铺一层玉米秸秆，后铺一层麦秸秆）。

3. 撒菌剂

将菌种均匀撒在秸秆上，用铁锹轻轻拍震，使表层菌剂的一部分渗透到下层秸秆上（应按秸秆重量2%的用量撒入微生物菌剂，同时撒入3%~5%尿素或一定量的复合肥以加速秸秆的腐解并定向培养出有益微生物菌群）。

4. 覆土起垄

撒完菌种后即可覆土，厚度15~20 cm。之后，反应堆再进行一次覆土起垄，厚度10 cm，待垄面因浇水塌陷后再进行一次覆土，厚度5~10 cm，两次覆土共计15~20 cm。为减少水分蒸发，覆土后应立即覆膜。

5. 浇水

反应堆做好后，可进行灌水，水一定要浇满沟，浇透，使秸秆吸足水分。灌水后8~12 d定植作物。

6. 定植与打孔

浇大水后10 d，直接将苗栽植在秸秆反应堆起的垄上，并按穴浇水，定植后立即在距苗10 cm处，用14号钢筋打孔，孔间距15~20 cm，穿透秸秆层打至沟底。缓苗期每两个植株间打2个孔，采收期打4~6个孔，以后每隔20 d通一次以前打的孔。定植后5~7 d

浇小沟水，最好是膜下灌水，之后土壤含水应控制在65%左右。

其他种植管理措施正常进行。

进入采摘后期，注意控制病虫害。

拉秧后清洁棚室，深翻土壤，观察秸秆腐化情况，可以检测、对比秸秆反应堆处理与不处理对照的土壤养分、理化性状和产品品质等指标。

# 第六节 蔬菜集约化育苗技术

## 一、技术概述

蔬菜集约化育苗技术是以轻基质为栽培载体，综合利用现代园艺技术，市场化运作特色明显的一项先进蔬菜生产技术。

## 二、增产增效情况

### （一）省工、省力，机械化生产效率高

采用精量播种，一次成苗。从基质混拌、装盘至播种、覆盖等一系列作业实现了自动化控制，定植1亩只相当于常规育苗工作量的1/10。

### （二）节省种子和育苗场地

穴盘育苗时种子直播，一穴一粒并且集中育苗，单位面积上的育苗量比常规育苗高，能有效地增加保护地生产面积。

### （三）成本低

与常规育苗相比，成本可降低30%左右。

### （四）便于规范化管理

在缺少育苗技术的地区尤为合适。穴盘育苗的发展使种植户通过集中育苗或购买商品苗来解决育苗技术难关。

### （五）没有缓苗期

由于幼苗的抗逆性增强，并且定植不伤根，没有缓苗期。如果是裸根苗，成活率常常受到影响，而穴盘育苗属于带坨移栽，所以定植到田间后，缓苗快，成活率高。

### （六）适宜远距离运输

该技术是以轻基质无土材料作育苗基质，这些育苗基质具有比重轻、保水能力强、根坨不易散等特点，适合远距离运输。

### （七）适合机械化移栽

移栽效率提高4～5倍，为蔬菜生产机械化开辟了广阔的应用前景。

## 三、技术要点

### （一）品种选择

应选用优质、抗病、丰产、种子纯净度高、发芽率高、生长势强的品种。

### （二）播前准备

1. 设施选择

根据季节不同选用温室、塑料大棚等育苗设施，夏秋季育苗应配有防虫遮阳设施，冬季配有加温、保温设施。

2. 穴盘选择

根据所育蔬菜种类，苗龄的大小和用途等因素来确定穴盘的大小。一般情况下，茄果类、瓜类、甘蓝及大白菜等蔬菜因苗期植株较大，需选用50～72孔穴盘；叶菜类、豆类等蔬菜可选用72～128孔的穴盘。育苗盘应用前要清洗干净，并用1%高锰酸钾溶液浸泡30 min进行消毒，杀死细菌，最后将穴盘捞出，用清水冲洗掉上面的药液，放置在阳光下晾干即可使用。

3. 基质选择和预处理

根据所育蔬菜根系对养分、pH值等要求，选择适宜的基质。穴盘育苗通常以购置成品基质为主，也可根据具体需求自制或混配基质。自配育苗基质，必须按所育蔬菜种类的营养需求进行合理配制，并混匀喷水，做到手捏成团，松手即散，同时自制育苗基质应用前要统一消毒，一定不能省消毒环节；商品基质，青海省各集约化育苗中心多采用商品化育苗基质。

4. 装盘

装盘前准备一把木尺，将基质均匀倒入穴盘中用木尺刮平，再用压穴器或空穴盘叠加压出播种穴后备用，穴深1 cm左右。

（三）种子处理

1. 消毒处理

针对本地的主要病害可选用下述之一方法消毒。①温汤浸种：把种子放入55 ℃热水中，维持水温均匀浸泡15 min。②用0.1%高锰酸钾溶液浸种10 min，用清水洗净后催芽。③磷酸三钠浸种：先用清水浸种3～5 h，再放入10%磷酸三钠溶液中浸泡20 min，捞出洗净。包衣种子不需消毒处理。

**2. 浸种催芽**

消毒后的种子温水浸泡后捞出并洗净，置于发芽箱保温保湿催芽。催芽期间，每天要检查种子萌芽程度，当瓜类种子50%露白、茄果类种子70%露白时即可播种。

## （四）播种

**1. 播种时间**

根据栽培季节、壮苗指标，选择适宜播种期。

**2. 播种方法**

对浸种催芽的种子要人工点播，要求每穴一粒，播种后覆盖0.8 cm左右的蛭石或基质，喷透水，覆膜。

## （五）苗期管理

**1. 温光管理**

夏秋育苗需要配套遮阳网和湿帘、风扇等遮光、降温设施，防止幼苗高温徒长；冬春育苗需要棉帘保温和增光、加温设施，促进幼苗生长。

**2. 水肥管理**

播种至出苗保持基质含水量85%~90%，子叶展开至2叶1心保持基质含水量65%~80%，3叶1心至成苗基质含水量降到60%~65%。期间可根据实际情况补充一定养分：①弱黄苗：苗子不旺，叶色泛黄时，可以用0.5%磷酸二氢钾加0.2%尿素进行叶面喷洒。②徒长苗：5 mg/kg缩节胺叶面喷施。③老化苗、弱苗：喷施920植物生长调节剂10~30 mg/kg，连用2次。

3.间苗、补苗、炼苗

幼苗2叶1心时,将穴盘中的双苗间去一株,补齐没有出齐的苗,保证每穴一株健壮苗。种苗在移出育苗温室前要提前3~5 d降温、通风、炼苗。定植在露地的,要在定植前7~10 d逐渐降温,使温室内的温度逐渐与露地相近,防止幼苗因不适应环境而产生冷害等。另外,幼苗移出育苗温室前2~3 d应施肥1次,并喷洒杀虫、杀菌剂,做到带肥、带药出室。

若植株苗期出现猝倒病、立枯病等,猝倒病可用代森锰锌500倍液和多菌灵500倍液喷雾防治;立枯病可用70%敌克松800倍液和10%立枯灵500倍液喷雾防治,防治效果很好。出现蚜虫、白粉虱等虫害时,可用黄板诱杀防治,也可化学防治,可用25%噻虫嗪水分散剂2 000倍液灌根处理、10%吡虫啉可湿性粉剂2 000~3 000倍液喷雾。

(六)定植

夏秋和冬春育苗,植株的苗龄是不一样的,成苗后要及时销售定植,以防出现种苗徒长和根系老化。定植时,种苗要达到壮苗的标准:叶色正常、深绿色,叶片肥厚、普遍现蕾,根系发达为乳白色,无病虫为害斑点。

# 第七节　青贮玉米纪元8号丰产栽培技术

## 一、技术概述

(一)基本情况

自2008年全膜双垄玉米丰产栽培技术示范推广以来,青海省玉米栽培面积达到2.67万～3.34万hm²。青贮玉米的发展已成为青海省农业增效、农民增收最直接、最有效的产业之一。但是，在青海省玉米主产区民和县以外的青贮玉米栽培区，生产技术缺乏，以覆膜为核心的玉米生产技术标准不一，操作不规范，严重制约了玉米产业的稳步发展。近年来，青海省东部农业区舍饲养殖业快速发展，已成为农民增收新的增长点。玉米作为高产高质高值作物，已成为农区发展养殖业的主要饲料作物。为此，青贮玉米纪元8号丰产栽培技术的推广和应用，不仅能有效提高青海省种植业的经济效益，同时也能增加高蛋白优质饲草料供给，促进农区畜牧业发展。通过品种选育、合理密植等关键技术应用，可不断提升粮饲兼用玉米的高效、优质、安全生产水平，为推进青海玉米产业的可持续发展提供科技支撑。

（二）示范推广情况

2017年青海省质量技术监督局批准发布《青贮玉米纪元8号丰产栽培技术规范》（DB63/T 1528—2017）地方标准。2018—2020年，《青贮玉米纪元8号丰产栽培技术规范》配套项目在青海省农业区及农牧交错区的湟源县、互助县、民和县、尖扎县、德令哈市等地示范推广586.67 hm²。

## 二、增产增效情况

《青贮玉米纪元8号丰产栽培技术规范》（DB63/T 1528—2017）的示范推广，青贮玉米产量达到6 500 kg/亩，比大田玉米增产1 500 kg，增加产值400元/亩以上，取得了较好的经济效益。该规范的实施使玉米栽培技术优化升级，良种良法配套，显著提高了玉米产量和产值，有助于提高玉米新技术的普及率。规范实施后青贮玉米高产优质高效,可进一步带动农区畜牧业的发展,农畜联动,农畜互补,以此促进农业生态环境的改善和农牧业产值的提高。

## 三、技术要点

### (一)选地

选择马铃薯、油菜等作物茬口,地势平坦、土层深厚的地块。水浇地实行2年以上轮作,中低位山旱地实行3年以上轮作。

### (二)整地

前茬作物收获后及时深翻,耕深25 cm以上,耕深一致,不重耕漏耕,覆膜前平整土地。

### (三)土壤处理

结合翻地或覆膜前整地,在地下害虫发生严重的地块和杂草发生严重的地块施用高效、安全、广适农药进行土壤喷雾处理。

### (四)施肥

有机肥选用商品有机肥,施肥3 000~4 500 kg/hm$^2$。秋覆膜以45%缓释玉米专用肥为主,结合起垄施入小垄内作底肥,施肥600~900 kg/hm$^2$,折合纯氮90~135 kg/hm$^2$、五氧化二磷90~135 kg/hm$^2$、氧化钾90~135 kg/hm$^2$。春覆膜以磷酸二铵和尿素为主,磷酸二铵300~450 kg/hm$^2$、尿素300~375 kg/hm$^2$、折合纯氮192.0~253.5 kg/hm$^2$、五氧化二磷138.0~207.0 kg/hm$^2$。

### (五)覆膜时间

秋覆膜,在秋季前茬作物收获后至土壤封冻前及早覆膜;春覆膜,当气温稳定通过2~3 ℃,土壤解冻12~15 cm时覆膜。

## （六）起垄覆膜

采用全膜双垄覆膜或单垄覆膜，幅宽90~120 cm。起垄时按地膜幅宽起垄，垄宽以地膜幅宽减去20~30 cm为准，膜两边各留10~15 cm。取土压在相邻两垄的垄沟内。垄沟宽20~30 cm，每隔2~3 m取土横覆在垄面上，保证地膜平整，垄高10~15 cm。

## （七）选种

选用种子质量符合国标规定的种子质量标准（GB4407.2—2017）。

## （八）播种期

当气温稳定通过8~10 ℃，土壤解冻12~15 cm时播种，即在4月中下旬至5月中上旬适时播种。

## （九）播种方法

采用点播器点播或滚动式播种器穴播。全膜双垄玉米垄沟播种，宽行70 cm，窄行40 cm。单垄覆膜玉米垄面播种，种2行。播种深度5~7 cm，行距35~40 cm，株距20~25 cm，每穴播1~2粒种子，播后用细沙土或牲畜圈粪土覆盖播种孔。

## （十）播种量

种子用量33~39 kg/hm$^2$，保苗8.25万~9.75万株/hm$^2$。

## （十一）田间管理

### 1. 定苗

在苗期及时放苗、查苗、补苗，发现缺苗及时移栽，保证全苗；3~5叶期进行间苗、定苗，留壮苗、间弱苗，每穴留苗1株。

2. 灌水

有灌溉条件的地区可以在苗期、大喇叭口期、抽雄吐丝期、灌浆期等及时灌水。

3. 除草

单垄覆膜种植的地块在苗期除草1~2次，同时疏松土壤；在穗期、花粒期视垄沟内杂草生长情况可以除草1~2次。

4. 追肥

在大喇叭口期，用玉米点播器在两植株中间打孔追施尿素和磷酸二铵。尿素150~225 kg/hm$^2$，折合纯氮69~104 kg/hm$^2$；磷酸二铵75~225 kg/hm$^2$，折合五氧化二磷35~69 kg/hm$^2$。

5. 病虫害防治

按照有关标准的规定执行。

（十二）收获

在乳熟末期至蜡熟初期，籽粒乳线位置在1/4~1/2处，植株含水量65%~70%时整株收割。

# 第八节　特早熟优质甘蓝型杂交油菜丰产栽培技术

## 一、技术概述

青海省海北门源、海南环湖等高海拔区约种植$5.33 \times 10^4$ hm$^2$的白菜型油菜（小油菜），大面积种植的品种主要是20世纪70年代培育的双高常规品种，其产量低、品质差（芥酸和硫苷含量高、出油率低）。青海省已培育出适合白菜型产区种植的特早熟优质甘蓝型油菜杂交种"青杂4号""青杂16号"和"青杂7号"。"青杂4号"和"青杂16号"在上述海拔2 800～3 100 m区域适宜推广种植，比白菜型油菜"浩油11号"增产30%左右，每亩增产油菜籽40 kg左右，出油率比白菜型油菜高2～3个百分点，抗倒伏和抗病性显著强于白菜型油菜。"青杂7号"适宜在海拔2 700～2 900 m之间的区域推广种植，比白菜型油菜"青油241""青油21号"等增产近50%。特早熟优质甘蓝型杂交油菜替代上述区域白菜型油菜，种植效益巨大且油菜籽品质可得到根本性改善。

## 二、增产增效情况

特早熟优质甘蓝型杂交油菜"青杂4号"和"青杂7号"具有早熟、高产、抗逆性强的诸多优点，在青海、甘肃、四川、新疆维吾尔自治区（以下简称新疆）、内蒙古自治区（以下简称内蒙古）等春油菜种植区域进行了大面积推广。截至2019年，"青杂4号"在青海、甘肃、四川海拔2 900～3 100 m的区域替代白菜型早熟油菜"浩油11号"种植$1.016 \times 10^5$ hm$^2$，"青杂7号"在青海、甘肃、四川海拔2 750～2 950 m的区域和新疆、内蒙古高纬度无霜期较短区域替代白菜型油菜"青油241"等品种种植$6.15 \times 10^5$ hm$^2$。培育的特早熟资源还被国内多家科研单位用作早熟育种的亲本和遗传转化材料。目前该技术正在青海、甘肃、四川、内蒙古等早熟油菜主产区推广应用。"青杂4号"和"青杂7号"两个品种在青海、甘肃、四川、新疆、内蒙古等春油菜种植区域进行了大面积累计推广$7.17 \times 10^4$ hm$^2$，其中，青海省推广$3.46 \times 10$ hm$^2$，在省外累计推广

$3.71 \times 10^5$ hm²，种植区农牧民累计新增效益24.91亿元，为高海拔贫困地区农民脱贫致富做出了巨大的贡献。两个品种的推广使优质甘蓝型油菜种植区海拔上限提高了350 m，不仅使高海拔区油菜产量得到大幅度提高，而且品质也得到根本性改善（由高芥酸高硫苷变为低芥酸低硫苷），含油量提高了3个百分点以上。

## 三、技术要点

### （一）选用良种

选用正规种业公司生产的"青杂4号""青杂7号""青杂16号"等特早熟甘蓝型杂交油菜品种种子，种子质量符合GB 4407.2—2023。

### （二）配方施肥

重施底肥，早施追肥，巧喷叶面肥，一般每亩施有机肥$2.5 \sim 3.0$ m³、尿素$10 \sim 12$ kg、磷酸二铵$15 \sim 20$ kg。

### （三）适时播种

按当地当年的气候条件适时早播，一般4月下旬至5月初播种。

### （四）合理密植

"青杂4号"和"青杂16号"播种量每亩$1.0 \sim 1.5$ kg，每亩保苗8万~10万株，"青杂7号"每亩播种量$0.5 \sim 0.8$ kg，每亩保苗4万~5万株。

### （五）田间管理

抓好早松土除草，早间苗、定苗，早追肥防虫为主的"三早"管理。

## 第九节　高寒地区燕麦饲草生产全程机械化集成技术

### 一、技术概述

针对高寒地区优质饲草的生产特点进行技术创新，将农机与农艺相结合，克服雨季对牧草收获的限制和影响。以青贮和青干草调制生产全程机械化技术为主线，按照"绿色、价值、高质、高效"发展原则，稳定饲草品质，提高饲草加工能力。饲草生产全程机械化集成技术，旨在促进高寒地区饲草产业的健康可持续发展。

### 二、增产增效情况

通过技术推广，燕麦饲草产品从单一的青干草发展到高密度草捆、草粉、草块、草颗粒、青贮草、烘干草等系列产品；用燕麦籽实研发出燕麦酒、燕麦醋、燕麦片等食用产品，延伸了燕麦产业链。集成技术应用后，提高实施区域饲草产量5%~10%，增产300~450 kg/hm$^2$，增收1 500~1 800元/hm$^2$。该技术制定发布2项地方性技术规范，为"牧草捆裹青贮技术规范""燕麦饲草加工技术规程"；获得1项省级科技成果，即"青藏高原高寒草地冷季贮备饲草机械加工技术"；同时青海省农牧厅印发了"青海省牧草（燕麦）生产全程机械化指导意见"。2019年该项技术获得了2016—2018年度农业农村部农牧渔业丰收奖一等奖。

## 三、技术要点

### （一）播前准备

**1. 品种选择**

各地应结合当地生态条件和用途等因素，选择适宜本地区种植的饲草品种。具体参考《燕麦饲草高产栽培技术规范》（DB63/T 1363—2015）。选用国家规定的三级标准以上的种子，即净度不低于90%、发芽率不低于85%、水分不高于12%，其他种子不多于1 000粒/kg。

**2. 播前整地**

做好播前整地作业，包括机械深翻、深松、灭茬、旋耕、镇压等，整地后达到土壤平整疏松。使用免耕播种的地块应做好播前灭茬和地表处理，确保免耕播种机具顺利作业；有条件的地区采用深松联合整地作业，一次性完成土壤底部疏松和浅表层旋耕、耙地、镇压作业。深翻深度≥25 cm，或深松≥25 cm，旋耕或耙地深度10～15 cm。

### （二）播种

**1. 播种期**

各地可根据不同饲草品种的生长特点和收获时间要求，合理安排播种期。一般在4—6月播种为宜，复种饲草7月播种。以冻干草收获为目的的饲草生产，播种期可适当延迟。

**2. 播种方式与机具选择**

在播种机具选择上，应根据土壤墒情、前茬作物品种以及农艺要求，选择技术先进且适用的分层施肥条播机、沟播机或少、免耕播种机，一次性完成施肥、播种和镇压作业。播种作业质量应符合：漏播率≤2%，播深3～5 cm。建议行距：等行距（20±2 cm）；宽窄行30和10 cm。种肥施入量可参考《燕麦配方施肥技术规程》（DB63/T 1135—2012）。青海省燕麦种植区均处于干旱地区，免耕播种因其能一次性完成施肥播种和单行镇压作业，有利于保墒，增加地温，出苗齐且壮。

3. 播种量

根据品种确定播种量，具体见表10-8。

表10-8 主要饲草播种量参考

| 饲草种类 | 推荐播量（kg/hm$^2$） |
| --- | --- |
| 燕麦（兼用型） | 190～225 |
| 燕麦（饲用型） | 105～135 |
| 小黑麦（兼用型） | 225～300 |
| 小黑麦（饲用型） | 112.5～150.0 |
| 饲用青稞 | 225.0～262.5 |

（三）田间管理

参考《燕麦饲草高产栽培技术规范》（DB63/T 1363—2015），适时进行机械化追肥、灭杂等田间管理作业。

（四）收获加工

1. 收获时间

根据饲草生长特性，以兼顾饲草品质与产量俱佳为原则，确定适宜收获时间，一般在牧草开花期到乳熟期进行收获较为适宜。

## 2. 加工方式

（1）青贮加工全程机械化技术。青贮收获方式，一般在燕麦开花到乳熟期，用割草机或青饲料收获机将饲草收割并经过揉搓切碎后直接进行青贮或包贮加工。

小块地用小型割草机将饲草割倒，用运输机械将饲草运到加工点进行揉搓加工，然后进行打捆裹包或直接倒入青贮窖压实密封青贮。其机械化集成技术工艺：收割→运输→切碎揉搓→打捆裹包或入窖青贮。

大块地用自走式青饲料收获机一次性完成收获和切碎，抛入集草箱或集草车内运回加工点，然后用大型圆捆包膜一体机进行打捆裹包或直接倒入青贮窖压实密封青贮。有条件的地区也可以先用割草压扁机将饲草割倒，然后用大型圆捆包膜一体机在地里直接完成鲜草捡拾切碎、打捆、裹包等作业，用专用装载设备将裹包草捆装载运输到储草点贮藏。其机械化集成技术工艺：联合收获切碎→运输→打捆裹包或入窖青贮；收割→捡拾切碎打捆裹包→装载运输→贮藏。

作业质量应符合牵引式割草机收割割茬≤12.0 cm，悬挂式或自走式青饲料收获机割茬≤15.0 cm，碎草长度2.0~10.0 cm，漏割总损失率≤2%，包膜时饲草含水率50%~60%、拉伸膜缠绕2~4层为宜。青贮或包贮饲料的pH值≤4.5时才能销售或饲喂牛羊。

（2）青干草调制收获全程机械化技术。青干草调制收获方式，一般在燕麦开花到乳熟期，用割草压扁调制机具将牧草割倒并同时进行调制处理，然后用摊晒机将牧草均匀摊晒到草茬上，待牧草含水率降到30%以下时用搂草机将牧草搂集成条，然后用草捆机将牧草打成小方捆或圆捆，或用大方草捆机将牧草打成高密度大方捆，再用专用草捆装载机具将草捆运回贮存点贮藏。有条件的也可采用机械高温烘干法将收获后的饲草进行快速烘干脱水处理,然后用捆草机将烘干后的饲草打捆贮存或进行配合饲草料加工。小方草捆或圆草捆贮藏时的含水率应≤20%,大方草捆贮藏时的含水率应≤15%,防止草捆在贮藏过程腐烂损坏。其机械化集成技术生产工艺:收割调制→摊晒→搂集→打捆→装载运输→贮藏;青饲料联合收获切碎→运输→烘干→打捆贮藏或配合饲草料加工。

作业质量应符合牵引式割草机的割茬≤12.0 cm,漏割总损失率≤2%,搂草机漏搂率≤5%,小方捆草机成捆率≥96%,大圆捆和大方捆机成捆率≥99%。根据饲草产品的市场需求特点,选择相应的机械化技术与配套机具。一般中低密度的大小圆捆适合近距离运输贮藏和销售,中密度的小方草捆适合中短距离运输贮藏和销售,高密度大方捆适合远距离运输销售。

# 第十节　高寒牧区机械化"圈窝"种草技术

## 一、技术概述

该技术主要针对高寒牧区饲草种植地块少、牧草生长期短、枯草期长、草地利用季节性不平衡等问题,利用牧民冷季圈养牲畜的场所,也称为"圈窝",在每年夏季牲畜转入夏季草场后,对圈窝进行简单翻耕,撒播燕麦、青稞等一年生饲草,在秋季返回定居点后收获牧草,作为牲畜冬春补饲牧草的一种饲草地建植方式,习惯上称之为"圈窝"种草。这种人工草地建植方式既不破坏脆弱的草地生态环境,又能充分利用闲置的土地和牛羊粪肥,是增加牧户饲草贮备、解决饲草地建植方式单一、弥补高寒牧区冬春牲畜饲草不足、增强牧户抗灾保畜能力的有效途径。随着各级政府和技术部门的组织实施和大力推广，各地采用人工和机械化手段进行圈窝种草，饲草产量和品质有了较大幅度的提高。

## 二、增产增效情况

该技术已在青海省三江源地区大面积推广应用。在圈窝翻耕时采用微耕机，撒播种子时采用手动撒播器，饲草收获时采用割草割灌机。经测定秋季刈割时燕麦平均高度达149 cm，青干草产量可达12 451.5 kg/hm$^2$。而采用人工翻耕、播种的地块燕麦平均高度为85 cm，青干草产量为5 935.8 kg/hm$^2$。两者相比，应用该技术后，燕麦平均高度增加了64 cm，青干草产量增产109.8%，增产效果明显。

## 三、技术要点

圈窝机械化组合种草的农艺措施主要是：翻耕—播种—收获。在圈窝翻耕时采用微耕机来进行。微耕机具有价格低、重量轻、体积小、结构简单等特点，使之能广泛适用于山区、丘陵等不适宜大型机械翻耕的地块，特别能在青藏高原广大牧区单户和联户的小块圈窝内便捷作业，翻耕时能最大限度地利用土地，同时便于用户使用和保养。

每年6月牲畜从冬季草场转到夏季草场后，人工清除圈窝内石块等杂物。

使用微耕机对圈窝进行翻耕，翻耕深度可按土地状况调整，一般翻耕深度选择10~20 cm。

播种时将燕麦和箭筈豌豆种子倒入手摇播种机的布袋中，将播种机通过背带置于胸前，打开机器底部的"S"形门扣，转动侧面的手柄，种子就从下部撒出，撒播宽幅可达7 m。在圈窝缓慢行走，即可将种子撒播均匀。

当圈窝内的燕麦生长至乳熟期时，即可进行收获，选择背负式割草割灌机来进行牧草收获，采用三齿刀片，牧草留茬高度为5.0 cm。

## 第十一节　高寒地区青贮玉米栽培及加工技术

### 一、技术概述

青贮玉米也叫青饲玉米，是把包括玉米穗在内的玉米植株全部收割下来，经切碎加工后直接或贮藏发酵后用作牲畜饲料。近些年来，在粮改饲、草牧业项目的大力支持下，青海东部农区进行了大面积的青贮玉米种植和加工利用，累计种植面积近10万$hm^2$。针对产业发展对技术的需求，经过技术单位多年的研究，制定了该技术模式，主要是采用全膜覆、双垄集雨技术，提高了水资源利用率，达到保墒、集雨、节水和增温的效果，对指导高寒地区旱作具有重要作用。

### 二、增产增效情况

通过该技术的推广应用，青海东部农区优质青贮玉米的鲜草产量可达60 000～75 000 $kg/hm^2$，高者可达90 000 $kg/hm^2$。

## 三、技术要点

### （一）播种施肥

春季播种，播深4~6 cm。保苗5.25万~6.00万株/hm$^2$，株距35 cm。施优质农家肥30 000~45 000 kg/hm$^2$、尿素357 kg/hm$^2$、磷酸二铵207 kg/hm$^2$，覆膜前一次性施入作为基肥。在大喇叭口期用打孔器在植株根系周围5~8 cm的地方打孔追肥，追施尿素225 kg/hm$^2$。使用覆膜起垄机一次性开展播种工作。

### （二）品种选择

选用稳产、早熟、抗逆性强，经过国家或省级审定的优质品种。

### （三）放苗、补苗

出苗时若幼苗与播种孔错位，及时放苗，以防烧苗；当遇降雨，及时破开播种孔板结部位；对缺苗穴孔及时补苗或移栽。

### （四）病虫草害防治

当出现黑粉病、大斑病、茎腐病、地下害虫、蚜虫、玉米螟等用低毒、高效的农药进行防治。及时进行人工除草，并用土将穴口封严。

### （五）收获加工

在青贮玉米蜡熟中期至末期收获后进行窖贮。

### （六）贮窖装填及取料

青贮窖建设应选择在地势高、干燥、地下水位低、排水好、土质坚硬、避风向阳、远离水源和污染源、取料方便的地方。青贮窖建设要求窖底应高于地下水位1 m以上。青贮窖建造方式有地下式、半地下式和地上式3种。地下水位低的地方采用地下式，地下水位高的采用半地下式或地上式。具体建造方式按NY/T 2698—2015的标准执行。

将青贮玉米原料揉碎或粉碎至长4.5~5.5 cm。青贮玉米原料湿度控制在55%~65%。湿度≤55%时，要在青贮玉米原料中加适量的水或与其他含水量较多的饲草混合储存。湿度≥65%时，将青贮玉米原料适当晾晒或在青贮玉米原料中加入一些粉碎的干料。青贮原料按青贮窖青贮密度不低于500 kg/m³制备。

青贮窖装填时如果使用添加剂，把均匀掺入添加剂的青贮玉米原料逐层装入窖内，每装15~35 cm压紧一次，逐层压紧，并高出青贮窖90~100 cm，呈弧形屋脊状，将原料压实压紧，特别注意将窖壁及四角压实。在原料上面铺一层15~20 cm厚的干草后盖一层塑料薄膜，拍实压紧。

青贮玉米原料要求当天完成粉碎、装填。不使用添加剂方法同上。青贮制作完成后，保证密封隔绝空气，pH值保持≤5.0，连续发酵30~50 d。密封青贮后一周内经常检查窖顶，如有青贮玉米原料下沉造成顶盖裂缝、塌陷，及时加以修整拍实，排除顶部积水，防止透气渗水。

启用时间：封窖后，青贮玉米连续发酵30~50 d后即可启封饲喂。饲喂时应与其他饲草搭配混合饲喂，循序渐进逐渐增加饲喂量，停喂时也应逐步减量。冰冻及新取的青贮料应解冻摊晾后再饲喂。劣等青贮饲料不能饲喂家畜。取用时，选择向阳一端开启，剥掉窖顶覆盖物，揭去塑料薄膜并去掉盖在上面的干草，从上到下分段取用，一直取到窖底。每天向里取一截，直至用完。每次取完所需青贮料后，及时覆盖窖面或取料的剖面，防止青贮料面暴露。

# 第十二节　马铃薯病虫草害绿色防控技术

## 一、技术概述

该技术主要针对青海省马铃薯生产实际，推进绿色有机农畜产品示范省创建，推进农药减量增效的实际工作，降低马铃薯病虫草害造成的损失。

## 二、技术要点

（一）农业防治

1. 选用抗病品种，青薯4号、青薯5号、青薯9号、下寨65，实行轮作倒茬

针对主要病虫控制对象，因地制宜选用抗病虫品种。提倡与非茄科作物，如谷类、豆类作物轮作倒茬，不能与番茄、辣椒等茄科作物轮作，轮作年限应在3年以上。

2. 应用脱毒种薯，适期播种

应用脱毒种薯，可以减轻病毒初侵染源。每年4月中下旬适期播种是防止种薯腐烂，保证苗全苗壮，增强植保抗病力的一项基础措施。

3. 精细选种，药剂处理

种薯宜选用50~100 g无病斑、无虫眼、无机械破损的小整薯，坚决剔除病薯。挑好种薯后，必须进行消毒，方法是用1%的石灰水或0.1%的高锰酸钾浸种1 h后晾干。

**4. 起垄种植，加强田间管理**

中耕除草，高培土，清洁田园等能够降低病虫源数量。综合中耕高培土来防止杂草的为害，还可以减少病菌随雨水浸入块茎的机会，减轻各种病害的发生。

### （二）物理防治

**1. 黄板诱杀**

马铃薯主要害虫蚜虫有趋黄色的特性，可采用黄板诱杀，在15 cm×20 cm的黄板上涂抹10号机油或凡士林，每亩放20~30块黄板，可有效诱杀蚜虫。

**2. 人工摘除虫卵**

有些害虫产卵集中成群，颜色鲜艳，较易被发现，可采用人工摘除卵块的方法消灭害虫。

**3. 利用害虫的趋化性诱杀**

如采用糖醋液诱杀小地老虎的成虫。

**4. 频振式杀虫灯诱杀**

对有趋光性的鳞翅目、鞘翅目害虫的成虫，可以采用灯光诱杀的方法，每30~50亩马铃薯田装一盏灯，可以收到明显的防治效果。

### （三）生物防治

应用生物农药和性诱技术防治害虫。如针对马铃薯象甲、甜菜夜蛾，使用性诱剂，每亩安放一枚诱芯，可以有效减少虫源，防治效果可维持30 d以上。

### (四) 高效低毒低残留化学药剂防治

用0.05%~0.10%春雷霉素溶液或0.2%高锰酸钾溶液浸种20~30 min，晾干后播种，可防治细菌性病害；用72%霜脲锰锌可湿性粉剂50 g，加水2~3 kg，均匀喷洒于150 kg芽块上，晾干后播种，可防治晚疫病；用40%辛硫磷乳油制成毒土，播前施于播种沟内，每亩施2 kg，或用3%辛硫磷颗粒剂，每亩施4~5 kg，可防治蛴螬、地老虎、金针虫等地下害虫。马铃薯晚疫病要提前预防，从7月初开始，即可喷药防治，用大生、银法利、甲霜锰锌等药剂交替喷施，每间隔7~10 d喷1次，连喷3~5次即可。采用人工除草的方法，控制田间杂草的为害。

## 第十三节 温室蔬菜病虫害综合防治技术

### 一、技术概述

蔬菜病虫害绿色防控技术集成应用理化诱控、生物防治、生态调控等绿色防控措施为主线的全程农药减量控害技术模式和操作规程，以控制病虫害的发生，减少农药防治次数，在达到农药减量和控害增效的目的，同时提高蔬菜产品品质。

### 二、增产增效情况

通过该技术减少农药使用次数3~5次，增收效益大幅提升，平均亩增收15%~25%，有利于加快绿色生态生产新技术的示范与推广，对于推动低碳、环保、可持续发展新模式，提高保障农业生产、农产品质量、生态环境安全能力具有积极意义。

## 三、技术要点

### （一）农业防治

选用抗病虫、抗寒等优良品种，集约化育苗培育壮苗，提高抗逆性。

嫁接栽培。利用南瓜等砧木嫁接瓜类，可有效解决重茬种植枯萎病发生严重的难题。番茄、辣椒生产中采用嫁接苗，可有效提高抗病性和抗逆性。

进行土壤处理、种子消毒，降低病虫发生基数。土壤处理，深翻土地，精细整地，利用高温晒垄杀灭病菌虫卵。播种前，种子可用55 ℃温水浸种15 min；药剂拌种，用50%多菌灵可湿性粉剂拌种，用量为种子量的0.3% ~ 0.4%。

注重配方施肥，重施有机肥，增施磷钾肥，补施微肥，提高植株抗性。均衡植株营养，以提高植株免疫力，减轻病害的发生。农家有机肥施用前1 ~ 2个月将其加水拌湿、堆积，使之充分发酵腐熟，可有效杀灭病菌和害虫。

越冬茄果类、瓜类种植采用秸秆生物反应堆技术。利用专用菌种使秸秆发酵，产生二氧化碳、热量、抗病孢子、有机无机养料等有益营养物质，提高地温和气温，增加土壤有机质，促进作物生长发育、增强作物抗病性、提高作物产量和品质。

生态调控。利用温室环境条件的可控性，通过排湿换气等措施，最大限度地缩短适宜病虫发生的温度、湿度时间，以达到促进蔬菜生长、控制病虫害发生的目的。

加强栽培管理。采用滴灌或控制灌水，在寒冷期间浇水应采取

"三不浇、三浇、三控"的方法,即阴雨天不浇,晴天浇;下午不浇,上午浇;不浇明水,浇暗水(膜下沟灌或滴灌)。苗期控制浇水,连阴天、低温天控制浇水;发病后控制浇水和施肥;集中处理病果、病叶,注意农事操作卫生。

清洁田园。及时清除棚室内病残株,集中销毁或深埋,减少下茬病虫发生基数。

(二)物理防治

1. 黏虫色板诱杀害虫

根据斑潜蝇、白粉虱、蚜虫等害虫有趋黄性,蓟马趋蓝性等习性,在害虫发生之前,在每个棚室内悬挂色板,诱杀害虫。每亩悬挂25 cm×40 cm的色板30块,色板间距10~12 m,色板高于植株生长点10~15 cm。定期消除色板上诱集的虫尸,每月更换1次。该办法可使虫口密度降低50%以上。

2. 频振式杀虫灯诱杀害虫

频振式杀虫灯诱杀的害虫主要有鳞翅目、鞘翅目等7个目20多科40多种害虫,尤以鳞翅目(夜蛾科、菜蛾科、螟蛾科、卷夜蛾科、天蛾科、金龟甲科)、鞘翅目(天牛科、象甲科)、直翅目(蟋蟀科、蝼蛄科)、半翅目(网蝽科、盲蝽科)的害虫数量居多。以单灯辐射半径80~100 m安装,以达到节能治虫的目的。将灯吊挂在高于作物的牢固物体上,接通电源,放置在害虫防治区域。使用普通型号的频振式杀虫灯需每天早、晚开关灯,无须加水和洗衣粉或柴油;如选用光控型频振式杀虫灯,每天早、晚自动关灯、开灯,更为方便。

3. 设置防虫网

定植前15~20 d,即温室盖棚膜前,在通风口及出入口安装

30~40目防虫网，可有效阻止害虫迁入。防虫网覆盖之前，用杀虫、杀菌烟剂进行熏棚消毒。蔬菜生长期内，把棚的四周压紧，不留缝隙，防止害虫进入棚内为害。

（三）生物防治

1. 信息素诱杀（性诱剂防治）

性诱剂防治对靶标的专一性和选择性高，目前，蔬菜生产中应用的主要有斜纹夜蛾、甜菜夜蛾、小菜蛾3种性诱剂，应根据作物和害虫发生种类正确选择使用。诱芯是性诱剂的载体，必须选择好的诱芯才能使性信息素分布均匀、释放稳定且时间长。使用时要根据诱芯产品性能及天气状况适时更换，以保证诱杀的效果，每个诱芯一般可使用30~40 d。

2. 利用天敌昆虫

利用害虫天敌防治害虫，是最理想的生物防治技术，也是生态农业的重要内容。丽蚜小蜂是世界广泛商业化的用于控制温室作物粉虱的寄生蜂。其主要剂型为蛹卡，因制作蛹卡形式不同，分为卡片式蛹卡、书本式卡和袋卡等，主要用于防治温室番茄、黄瓜的烟粉虱和白粉虱，也被小面积用于茄子和万寿菊等。丽蚜小蜂对人、畜和天敌无毒、无害、无残留，不污染环境，在温室中通常可存活10~15 d，取食蜜露成虫可存活28 d，可用于防治连栋温室、日光温室、塑料大棚等保护地蔬菜和花卉上的烟粉虱和白粉虱，对目前为害猖獗的白粉虱和烟粉虱寄生效果可高达90%。捕食螨是一种以植物叶螨为主要食物的杂食性益螨，利用捕食螨防治农业害螨，用于生产无公害或绿色农产品的技术称为"以螨治螨"。赤眼蜂是一种寄生性昆虫，成虫产卵于寄主卵内、幼虫取食卵黄，化蛹，并引起寄主死亡。赤眼蜂绝大多数寄生于鳞翅目昆虫卵，少数寄生双翅目、脉翅目和鞘翅目昆虫卵。

（四）药剂防治

在药剂防治中，优先选用生物农药防治蔬菜病虫害。使用苏云金杆菌（BT）、白僵菌防治菜青虫；颗粒体、多角体病毒防治小菜蛾、菜青虫、斜纹夜蛾；浏阳霉素防治叶螨（红蜘蛛）；宁南霉素防治病毒病；农抗120防治炭疽病、枯萎病；井冈霉素、武夷菌素防治霜霉病等；印楝素防治菜青虫、小菜蛾；苦参碱、烟碱、天然除虫菊素防治菜青虫、蚜虫；几丁聚糖生物农药防治甜瓜病毒病、葡萄病毒病；枯草芽孢杆菌防治枯萎病、立枯病、根腐病、蔓枯病；木霉菌防治灰霉病、白粉病、叶霉病、霜霉病。

# 第十四节　设施蔬菜冬季生产技术

## 一、黄南州设施蔬菜基本情况

黄南州南高北低的地理特点自然形成南牧北农的经济格局。北部同仁市、尖扎县以农为主，农牧兼营，南部的河南、泽库两县属纯牧业区。

河南县、泽库县受海拔气候影响，设施温棚发展缓慢。自2000年以来泽库县在宁秀乡、和日乡、王家乡有设施温棚25栋，种植蔬菜品种以叶菜类为主；河南县，仅在赛尔龙乡、宁木特乡有设施温棚16栋，以种植韭菜、小油菜、萝卜、羊肚菌等为主。

同仁市和尖扎县位于黄南州北部农业区，水利资源丰富，海拔低气候条件好，有较好的土地和光热条件，种植户科技意识、水平、积极性较高,温棚种植的蔬菜及其他作物种类丰富,除常见的辣椒、番茄、韭菜等之外,还引进种植了葡萄、草莓、羊肚菌等稀有品种,种植的各类蔬菜瓜果达50多个品种,极大地丰富了当地老百姓的菜篮子,增加了种植户的经济效益。

同仁市自2000年以来,建设5处设施蔬菜种植基地,共597栋温棚,其中保安镇579栋,隆务镇18栋。

尖扎县自2000年开始,建设20处,设施蔬菜种植基地,总计933栋温棚,分别为马克唐镇82栋、康杨镇505栋、坎布拉镇124栋、昂拉乡127栋、措周乡79栋和贾加乡16栋。

## 二、黄南州设施蔬菜温室概况

2020年,黄南州农牧业综合服务中心对全州设施蔬菜温室状况进行了调查。全州共有1 571栋(自然栋)温室(干打垒结构和砖土结构),其中,尖扎县933栋、同仁市597栋、泽库县25栋、河南县16栋,河南县、泽库县温棚均为零星修建。

## 三、黄南州设施蔬菜温室种植概况

2000—2020年,全州共建设完成设施温棚1 571栋,总占地面积4 089.3亩。目前,全州可利用温棚共1 172栋,其中,尖扎县730栋、同仁市442栋。种植各类蔬菜、鲜果达50多个品种,主要以辣椒、番茄、生菜、菜瓜、黄瓜等为主,近两年引进的西瓜、火龙果等新品种试验种植成功。全州温室蔬菜年产量达2万t,实现销售收入5 000余万元,绿色有机无公害产品占比率达98%。

## 四、冬季生产指导意见

为提升设施蔬菜冬季生产技术水平,有效应对灾害性天气,促进蔬菜稳产保供，黄南州农牧业综合服务中心组织相关专业技术人员，就黄南州设施蔬菜冬季生产技术提出相关指导意见。

## （一）强化设施维护加固

**1. 检查和维护**

在10月冬季上冻之前，注意对日光温室骨架和墙体、卷帘机、放风机、电路、应急加热等设施、设备的检查和维护，尤其是对老旧温室和抗风雪承压性能存在隐患的温室，及早进行维护和加固。

**2. 更换棚膜**

在入冬前选择无风天气，及时更换破旧棚膜。其中，果菜类温室应选择长寿无滴高透光和高保温的多功能塑料薄膜，薄膜厚度在0.10 mm以上。泽库高寒地区，可选择保温性能更好的PVC多功能薄膜或PO无滴膜；同仁、尖扎地区可选择防雾滴性能和流滴持效期长的PO无滴膜或EVA多功能膜；采用东西向栽培模式的可选择转光膜或漫散射薄膜。

**3. 增强覆盖**

及时更换已经损坏或保温性能达不到冬季生产需求的保温被等覆盖物，保温被厚度必须达到2 cm以上。前屋面保温覆盖物要紧密均匀，保温覆盖材料干爽。泽库、河南地区要加盖纸被或采用双层保温被，提高保温效果，确保冬季温室保温性能达到温室设计和蔬菜生产要求。

## （二）加强生产环境调控

**1. 温度管理**

10月中旬以后，尤其在夜间温度低于10 ℃时，及时覆盖保温覆盖物，保证夜间温室内温度15 ℃以上；12月至翌年2月温室内白天温度控制在26~32 ℃，晚上前半夜温度保持在18~20 ℃，凌晨最低温度保持在8 ℃以上。冬季只进行顶部通风即可；通风时逐渐增加通风量，同时采取棚室门口和棚前脸处悬挂薄膜、上通风口的下方悬挂缓冲膜等措施；遇到大雪天气时，及时清扫保温被积雪，确保保温被干爽、保温。遇到连续阴天等极端天气时，采取多层覆盖或使用增温块、高压钠灯、电热炉、自动加热风机等进行临时加温。

2. 光照管理

要经常清洁棚膜，保证透光率。在确保温度前提下尽量早揭晚盖保温被以延长光照时间。可在温室后坡挂反光膜，改善温室北侧光照，使温室内温光分布趋于均匀，增加北侧蔬菜产量。遇到连续阴雨雪天气，只要无雨或无雪时就要适当短时间拉起保温被，让作物利用散射光进行光合作用。有条件的地方可安装高压钠灯，在补光的同时提高温室内温度。遇到久阴乍晴天气，中午前后要适当放一半保温被，防止植株失水萎蔫。

3. 湿度管理

合理控制室内湿度，降低病害的发生概率。一般早晨保温被打开后应短时通风排湿，时间不超过20 min；之后，根据温室内作物生长及温度等情况合理进行通风管理。遇到连续阴雨雪天气时，可在中午室内温度最高时段通风10~20 min。灌水可采用膜下沟灌或膜下滴灌，并在垄沟中铺盖碎秸秆等吸湿物料；可采用弥粉机、常温烟雾机、臭氧发生器等新型药械施药，以降低室内湿度。

（三）关键农艺措施

1. 促根壮苗技术

增施充分腐熟优质有机肥、蚯蚓肥、腐殖酸肥等高碳堆肥，或采用秸秆生物反应堆提高土壤温度并同时补充$CO_2$；果菜类定植后覆盖地膜前可进行1~2次浅中耕，促进根系深扎；低温根系生长缓慢，可施用腐殖酸或海藻酸肥，提高根系活性，促进生长；植株长势弱，可喷施葡萄糖或者氨基酸等含糖类、氨基酸类叶面肥，或喷施芸苔素内酯等植物生长调节剂，以增强作物防寒抗冻能力。

2. 保花保果技术

冬季低温弱光时，可施用植物生长调节剂进行处理，确保低温季节果蔬正常发育和成功坐果。例如，番茄可在开花期使用对氯苯氧乙酸钠1%可溶液剂400~670倍液，用手持式小喷雾器均匀喷施盛开花果，喷湿为度。每个花朵用药1次，不可重复喷施，用药后的花序可作标记以便区分。

3. 植株调整技术

冬季温室内温光条件相对较差，定植密度要适当降低，一般是春季温室栽培密度的70%~80%。茄果类、瓜类等果蔬要适时进行吊蔓、整枝、摘心、疏花、疏果、摘除老叶病叶等措施，改进通风透光条件，改善果蔬的营养状况。遇到异常天气时，应及早采收果实和适当疏花疏果，以免加重植株负担、降低植株的抗逆性。

4. 肥水管理技术

优先采用水肥一体化技术。冬季可使用海藻酸、鱼蛋白、生物菌、甲壳素等促根肥料，再根据长势选择氮磷钾含量不同的大量元素水溶肥。蔬菜生长前期选用高氮型水溶肥（推荐配方$N-P_2O_5-K_2O$=22-12-16），每次追施4~6 kg/亩，每10~15 d追施1次；番茄、辣椒、茄子等茄果类蔬菜生长中后期选用高钾型水溶肥（推荐配方$N-P_2O_5-K_2O$=19-6-25）；黄瓜等瓜类蔬菜生长中后期选用高钾高氮型水溶肥（推荐配方$N-P_2O_5-K_2O$=20-8-22），每次追施

8~12 kg/亩，每15 d左右追施1次。优先选用添加螯合态微量元素（TE）和海藻酸钾、植物诱抗蛋白等植物刺激物（BS）的肥料产品。低温季节可多喷施叶面肥，可叶面喷施0.3%磷酸二氢钾+0.3%硝酸钙+1%葡萄糖液，或0.3%高钾型水溶性肥料+0.2%氯化钙+1%葡萄糖液。对受冷害或冻害的植株，可喷施含氨基酸叶面肥、低温诱抗剂等，再加施钙镁硼锌铁等中微量元素，促进生长和花芽分化。

冬季蔬菜浇水要做到"三浇三不浇"，即晴天浇水、阴天不浇，午前浇水、午后不浇，浇小水、不浇大水。灌溉的水温应在10 ℃以上。应选连续晴天的上午，采用膜下滴灌或膜下沟灌浇水，浇水后中午温度高时及时通风排湿。

### 5. 病虫害防治技术

通过嫁接育苗、促根壮苗、膜下滴灌、通风降湿等栽培和环境调控技术提高作物抗病能力，预防病虫害发生。在病虫害发生前定期喷施木霉菌、枯草芽孢杆菌、多黏类芽孢杆菌等微生物农药，预防各类真菌、卵菌及细菌病害；病虫害发生初期及时施药，低温期尽可能用烟剂、熏剂和弥雾机喷雾施药。要交替用药，避免连续用一种有效成分药剂或同一类药剂。

# 第四篇

## 农业生产技术规范

# 第十一章　农药

## 第一节　黄南州蔬菜生产加强农药安全间隔期管理

为让广大人民群众吃上安全蔬菜产品，蔬菜安全生产要严格遵守农药安全间隔期。

农药安全间隔期是指农作物最后一次施药的时间到农产品收获时相隔的天数，可保证收获农产品的农药残留量不会超过国家规定的允许标准。蔬菜农药残留一直是人们最关心的问题，为确保蔬菜安全，最后一次喷药与收获之间的时间必须大于安全间隔期，不允许在安全间隔期内收获作物。各种农药因其特性、降解速度不同其施用后的安全间隔期也有所不同。在购买使用农药时一定要看农药标签的注意事项，特别要注意农药使用的安全间隔期。

严格掌握各种农药的安全间隔期。一般生物农药的安全间隔期为3～5 d，菊酯类农药的安全间隔期为5～7 d，在生产前期可选用安全间期长的农药，采收期间要注意选用安全间隔期短的农药。现将蔬菜常用农药合理的安全间隔期介绍如下，供广大菜农参考，具体施药时请遵照所用农药的使用说明书中的规定。

## 一、杀菌剂

40%嘧霉胺悬浮剂防治黄瓜灰霉病的安全间隔期为3 d；

25%烯肟菌酯乳油防治黄瓜霜霉病的安全间隔期为3 d；

72农用硫酸链霉素防治瓜类、茄子青枯病的安全间隔期为3 d；

50%多菌灵可湿性粉剂防治豆类根腐病、茄子枯萎病的安全间隔期为5 d；

20%粉锈宁可湿性粉剂防治豆类锈病的安全间隔期为3 d。

## 二、杀虫剂

48%毒死蜱乳油叶菜类防治菜青虫、小菜蛾安全间隔期为7 d；

10%氯氰菊酯乳油叶菜类防治菜青虫、小菜蛾的安全间隔期为5 d；

1.8%阿维菌素乳油在黄瓜、豇豆上防治美洲斑潜蝇的安全间隔期为5~7 d；

5%甲维盐乳油叶菜类防治小菜蛾、蚜虫、菜粉蝶等的安全间隔期为3 d。

# 第二节　黄南州农药科学使用知识

## 一、我国对高毒、高残留农药有哪些禁限用规定？

国家明令禁止使用的农药：六六六、滴滴涕、毒杀芬、二溴氯丙烷、杀虫脒、二溴乙烷、除草醚、艾氏剂、狄氏剂、汞制剂、砷、铅类、敌枯双、氟乙酰胺、甘氟、毒鼠强、氟乙酸钠、毒鼠硅。

## 二、蔬菜、果树、中草药材上不得使用和限制使用的农药

甲胺磷、甲基对硫磷、对硫磷、久效磷、磷胺、甲拌磷、甲基异柳磷、特丁硫磷、甲基硫环磷、治螟磷、内吸磷、克百威、涕灭威、灭线磷、硫环磷、蝇毒磷、地虫硫磷、氯唑磷、苯线磷。

## 三、高毒高残留农药主要有哪些类型？其危害性如何？

**砷、铅类无机制剂** 在20世纪50—60年代使用较多，易造成中毒，且防治效果差。

**汞制剂** 作为杀菌剂，曾在国内广泛使用。20世纪70年代曾造成人畜食用被汞污染的稻米而中毒，且汞制剂在土壤中滞留时间长，易累积。

**内吸磷** 20世纪60年代曾作为拌种剂使用，但易造成中毒。

**二溴氯丙烷、二溴乙烷** 两者均能致癌。

**六六六、滴滴涕** 有机氯杀虫剂，在我国曾长期大量使用，在防治农作物害虫，保护农业生产中起过重要作用。由于它性质稳定，难以分解，在环境中易积累，造成植物体内有机氯残留量大大超标，也影响了蜂蜜等产品的出口。

**杀虫脒** 国内外的毒性试验研究证明，对人有潜在致癌危险。

**氟乙酰胺** 20世纪70年代初使用，但在防治蚜虫过程中容易造成人畜中毒，防治鼠害时易造成二次中毒，且无特效解毒药。

**毒鼠强** 剧毒，且易造成二次中毒。由于其生产成本低、流程简单，在农村中使用范围很广，导致生产性中毒事故和治安投毒事故时有发生，影响了人民生命安全和农村社会的稳定。

**除草醚** 是应用时间长、用量较大的除草剂，在施用过程中对

人的安全性存在隐患。

**仲丁威** 在我国曾被作为卫生用杀虫剂使用。有关资料证明，其分解产物异氰酸酯存在毒性问题，并且仲丁威未被列入世界卫生组织公布的卫生杀虫剂名单。

## 四、禁限用农药品种可以用哪些药种替代？

在农业生产过程中，可以使用以下药种替代高毒、高残留农药。

### （一）有机磷类

毒死蜱（乐斯本）：用于防治水稻害虫和蔬菜害虫。

三唑磷：用于防治水稻害虫。

氯胺磷、二嗪磷、乙酰甲胺磷、敌敌畏、敌百虫、乐果、辛硫磷、马拉硫磷、杀螟硫磷、倍硫磷、丙溴磷、亚胺硫磷等。

### （二）拟除虫菊酯类

高效氯氰菊酯、氯氰菊酯、高效氯氟氰菊酯（功夫）、氟硅菊酯、溴氰菊酯（敌杀死）、甲氰菊酯（灭扫利）、氰戊菊酯、联苯菊酯等。

### （三）特异性昆虫生长调节剂类

噻嗪酮（稻虱净、扑虱灵）、呋喃虫酰肼（福先）、虫酰肼（米满）、灭幼脲、氟虫脲（卡死克）、定虫隆（抑太保）、除虫脲、氟铃脲、氟啶脲等。

### （四）生物源类

BT（苏云金杆菌）、阿维菌素、甲胺基阿维菌素苯甲酸盐

（甲维盐）、多杀霉素（菜喜）、鱼藤酮、除虫菊素、印楝素、苦参碱、烟碱、浏阳霉素等。

### （五）沙蚕毒素类

杀虫单、杀虫双、杀螟丹、杀虫安等。

### （六）其他种类

吡虫啉、啶虫脒、氟虫腈（锐劲特）、丁烯氟虫腈（丁醚脲）、虫满腈（除尽）、茚虫威（安打）、噻虫嗪（阿克泰）等。

这些替代农药不仅能够有效替代高毒农药，还能减少对环境和人体的危害，提高农产品的安全性。

## 五、我国有哪些农药管理规范性文件及主要内容

主要有《农药管理条例》《农药管理条例实施办法》《农药安全使用规定》《农药合理使用准则》等文件。文件中都规定剧毒、高毒、高残留农药不得用于防治卫生害虫，不得用于蔬菜、瓜果和中草药材。《农药限制使用管理规定》中规定了长残效、造成农作物药害和环境污染的农药必须限制使用；农业部第194号公告规定将分批分阶段禁、限制使用甲拌磷等11种高毒、剧毒农药（包括混剂）产品；农业部第199号公告规定国家明令禁止使用的高毒高残留农药和不得在蔬菜、果树、中草药材上使用的高毒农药品种；农业部第274号公告规定自2004年6月30日起，不得在市场上销售甲胺磷、对硫磷、甲基对硫磷、久效磷和磷胺的混配制剂及自2003年6月1日起，停止批准杀鼠剂分装登记，已批准的杀鼠剂分装登记不再批准续展登记；《最高人民法院、最高人民检察院关于办理非法制造、买卖、运输、贮存毒鼠强等禁用剧毒化学品刑事案件具体应

用法律若干问题的解释》中规定，非法制造、买卖、运输、储存毒鼠强等禁用剧毒化学品的将负刑事责任；《国务院办公厅关于深入开展毒鼠强专项整治工作的通知》和十一部委关于贯彻落实《国务院办公厅关于深入开展毒鼠强专项整治工作的通知》的通知都部署了"毒鼠强"等违禁杀鼠剂（包括氟乙酰胺、氟乙酸钠、毒鼠硅、甘氟等）的专项整治行动。

## 六、农药使用有哪些技术，使用过程中要注意的问题

农药的使用方法多种多样，根据防治对象的发生规律、药剂性质及加工剂型特点和环境条件的不同，施用方法有：喷雾法、喷粉法、撒施法、熏蒸法、浸种（苗）法、拌土法、毒饵法、土壤处理法、植株药剂注射法、植株药剂包扎法。

农药的使用应遵循经济、安全、有效、简便的原则，避免盲目施药、乱施药、滥施药。具体来讲，应掌握以下3点：①对症下药。应根据病虫害发生种类和数量决定是否要防治，如需防治应选择对路的农药来防治。②适时用药。应根据病虫害发生时期和发育进度及作物的生长阶段，选择合适的时间用药。合适时间一般在病害暴发流行之前、害虫在未大量取食或钻蛀为害前的低龄阶段、病虫对药物最敏感的发育阶段、作物对病虫最敏感的生长阶段。③科学施药。一要选用新型的施药器械。这类喷雾器效率高、损耗低、效果好。目前大量使用的老式手动喷雾"跑""冒""滴""漏"现象严重，损耗高、效率低，影响防治效果，应更新换代。二是用药量不能随意加大，严格按推荐用量使用。三是用水量要足，以保证药液能均匀喷洒到作物上。四是对准靶标位置施药。如叶面害虫主要施药位置是茎叶部位，棉铃虫的施药部位是上部嫩绿部分。五是施药时间一般应避免晴热高温的中午，大风和下雨天气也不能施

药。六是坚持"安全间隔期",即在作物收获前的一定时间内禁止施药。

农药在使用过程中,要确保安全,防止中毒,还应注意以下事项:①孕妇、哺乳期妇女及体弱有病者不宜施药;②施药者应穿长衣裤,戴好口罩及手套,尽量避免农药与皮肤及口鼻接触;③施药时不能吸烟、喝水和吃食物;④一次施药时间不宜过长,最好控制在4 h内;⑤接触农药后要用肥皂清洗,包括衣物;⑥药具用后清洗要避开人畜饮用水源;⑦农药包装废弃物要妥善收集处理,不能随便乱扔;⑧农药应封闭贮藏于背光、阴凉、干燥处;⑨农药存放应远离食品、饮料、饲料及日用品;⑩农药应存放在儿童和牲畜接触不到的地方;⑪农药不能与碱性物质混放;⑫一旦发生农药中毒,应立即送医院抢救治疗。

## 第三节　黄南州绿色食品农药使用准则

### 一、准则适用范围

本标准规定了绿色食品生产和仓储中有害生物防治原则、农药选用、农药使用规范和绿色食品农药残留要求。

本标准适用于绿色食品的生产和仓储。

### 二、规范性引用文件

下列文件对于本文件的应用是必不可少的。凡是注日期的引用文件,仅注日期的版本适用于本文件。凡是不注日期的引用文件,其最新版本（包括所有的修改单）适用于本文件。

GB 2763—2019《食品安全国家标准　食品中农药最大残留限量》

GB/T 8321.10—2018（所有部分）　《农药合理使用准则》

GB 12475—2006《农药贮运、销售和使用的防毒规程》

NY/T 391—2013《绿色食品　产地环境质量》

NY/T 1667.1～1667.8—2008（所有部分）《农药登记管理术语》

## 三、术语和定义

NY/T 1667界定的及下列术语和定义适用于本文件。

### （一）AA级绿色食品　AA grade green food

产地环境质量符合NY/T 391—2013标准的要求，遵照绿色食品生产标准生产，生产过程中遵循自然规律和生态学原理，协调种植业和养殖业的平衡，不使用化学合成的肥料、农药、兽药、渔药、添加剂等物质，产品质量符合绿色食品产品标准，经专门机构许可使用绿色食品标志的产品。

### （二）A级绿色食品　A grade green food

产地环境质量符合NY/T 391—2013标准的要求，遵照绿色食品生产标准生产，生产过程中遵循自然规律和生态学原理，协调种植业和养殖业的平衡，限量使用限定的化学合成生产资料，产品质量符合绿色食品产品标准，经专门机构许可使用绿色食品标志的产品。

## 四、有害生物防治原则

绿色食品生产中有害生物的防治应遵循以下原则：

以保持和优化农业生态系统为前提：建立有利于各类天敌繁衍和不利于病虫草害滋生的环境条件，提高生物多样性，维持农业生态系统的平衡。

优先采用农业措施：如抗病虫品种、种子种苗检疫、培育壮苗、加强栽培管理、中耕除草、耕翻晒垡、清洁田园、轮作倒茬、间作套种等。

尽量利用物理和生物措施：如用灯光、色彩诱杀害虫，机械捕捉害虫，释放害虫天敌，机械或人工除草等。

必要时合理使用低风险农药：如没有足够有效的农业、物理和生物措施，在确保人员、产品和环境安全的前提下按照第五章、第六章的规定，配合使用低风险的农药。

## 五、农药选用

所选用的农药应符合相关的法律法规，并获得国家农药登记许可。

应选择对主要防治对象有效的低风险农药品种，提倡兼治和不同作用机理农药交替使用。

农药剂型宜选用悬浮剂、微囊悬浮剂、水剂、水乳剂、微乳剂、颗粒剂、水分散粒剂和可溶性粒剂等环境友好型剂型。

AA级绿色食品生产应按照附录A第A.1中的规定选用农药及其他植物保护产品。

A级绿色食品生产应按照附录A的规定，优先从表A.1中选用相应的农药。在表A.1所列农药不能满足有害生物防治需要时，还可适量使用第A.2章所列的农药。

## 六、农药使用规范

应在主要防治对象的防治适期，根据有害生物的发生特点和农药特性，选择适当的施药方式，但不宜采用喷粉等风险较大的施药方式。

应按照农药产品标签或GB/T 8321和GB 12475—2006标准的规定来使用农药,控制施药剂量(或浓度)、施药次数和安全间隔期。

## 七、绿色食品农药残留要求

绿色食品生产中允许使用的农药,其残留量应不低于NY/T 393—2020的要求。

在环境中长期残留的国家明令禁用农药,其再残留量应符合NY/T 393—2020的要求。

其他农药的残留量不得超过0.01 mg/kg,并应符合NY/T 393—2020的要求。

# 附录A

## (规范性附录)

**绿色食品生产允许使用的农药和其他植保产品清单**

A.1 AA级和A级绿色食品生产均允许使用的农药和其他植保产品清单,按表A.1执行。

表A.1　AA级和A级绿色食品生产均允许使用的农药和其他植保产品清单

| 类别 | 组分名称 | 备注 |
| --- | --- | --- |
| 植物和动物来源 | 楝素（苦楝、印楝等提取物，如印楝素等） | 杀虫 |
| | 天然除虫菊素（除虫菊科植物提取液） | 杀虫 |
| | 苦参碱及氧化苦参碱（苦参等提取物） | 杀虫 |
| | 蛇床子素（蛇床子提取物） | 杀虫、杀菌 |
| | 小檗碱（黄连、黄柏等提取物） | 杀菌 |
| | 大黄素甲醚（大黄、虎杖等提取物） | 杀菌 |
| | 乙蒜素（大蒜提取物） | 杀菌 |
| | 苦皮藤素（苦皮藤提取物） | 杀虫 |
| | 藜芦碱（百合科藜芦属和喷嚏草属植物提取物） | 杀虫 |
| | 桉油精（桉树叶提取物） | 杀虫 |
| | 植物油（如薄荷油、松树油、香菜油、八角茴香油） | 杀虫、杀螨、杀真菌、抑制发芽 |
| | 寡聚糖（甲壳素） | 杀菌、植物生长调节 |
| | 天然诱集和杀线虫剂（如万寿菊、孔雀草、芥子油） | 杀线虫 |
| | 天然酸（如食醋、木醋和竹醋等） | 杀菌 |
| | 菇类蛋白多糖（菇类提取物） | 杀菌 |
| | 水解蛋白质 | 引诱 |
| | 蜂蜡 | 保护嫁接和修剪伤口 |
| | 明胶 | 杀虫 |
| | 具有驱避作用的植物提取物（大蒜、薄荷、辣椒、花椒、薰衣草、柴胡、艾草的提取物） | 驱避 |
| | 害虫天敌（如寄生蜂、瓢虫、草蛉等） | 控制虫害 |

(续表A.1)

| 类别 | 组分名称 | 备注 |
| --- | --- | --- |
| 微生物来源 | 真菌及真菌提取物（白僵菌、轮枝菌、木霉菌、耳霉菌、淡紫拟青霉、金龟子绿僵菌、寡雄腐霉菌等） | 杀虫、杀菌、杀线虫 |
| | 细菌及细菌提取物（苏云金芽孢杆菌、枯草芽孢杆菌、蜡质芽孢杆菌、地衣芽孢杆菌、多黏类芽孢杆菌、荧光假单胞杆菌、短稳杆菌等） | 杀虫、杀菌 |
| | 病毒及病毒提取物（核型多角体病毒、质型多角体病毒、颗粒体病毒等） | 杀虫 |
| | 多杀霉素、乙基多杀菌素 | 杀虫 |
| | 春雷霉素、多抗霉素、井冈霉素、（硫酸）链霉素、嘧啶核苷类抗菌素、宁南霉素、申嗪霉素和中生菌素 | 杀菌 |
| | S-诱抗素 | 植物生长调节 |
| 生物化学产物 | 氨基寡糖素、低聚糖素、香菇多糖 | 防病 |
| | 几丁聚糖 | 防病、植物生长调节 |
| | 苄氨基嘌呤、超敏蛋白、赤霉酸、羟烯腺嘌呤、三十烷醇、乙烯利、吲哚丁酸、吲哚乙酸、芸苔素内酯 | 植物生长调节 |
| 矿物来源 | 石硫合剂 | 杀菌、杀虫、杀螨 |
| | 铜盐（如波尔多液、氢氧化铜等） | 杀菌，每年铜使用量不能超过6 kg/hm$^2$ |
| | 氢氧化钙（石灰水） | 杀菌、杀虫 |
| | 硫黄 | 杀菌、杀螨、驱避 |
| | 高锰酸钾 | 杀菌，仅用于果树 |
| | 碳酸氢钾 | 杀菌 |

（续表A.1）

| 类别 | 组分名称 | 备注 |
| --- | --- | --- |
| 矿物来源 | 矿物油 | 杀虫、杀螨、杀菌 |
| | 氯化钙 | 仅用于治疗缺钙症 |
| | 硅藻土 | 杀虫 |
| | 黏土（如斑脱土、珍珠岩、蛭石、沸石等） | 杀虫 |
| | 硅酸盐（硅酸钠，石英） | 驱避 |
| | 硫酸铁（三价铁离子） | 杀软体动物 |
| 其他 | 氢氧化钙 | 杀菌 |
| | 二氧化碳 | 杀虫，用于贮存设施 |
| | 过氧化物类和含氯类消毒剂（如过氧乙酸、二氧化氯、二氯异氰尿酸钠、三氯异氰尿酸等） | 杀菌，用于土壤和培养基质消毒 |
| | 乙醇 | 杀菌 |
| | 海盐和盐水 | 杀菌，仅用于种子处理 |
| | 软皂（钾肥皂） | 杀虫 |
| | 乙烯 | 催熟等 |
| | 石英砂 | 杀菌、杀螨、驱避 |
| | 昆虫性外激素 | 引诱，仅用于诱捕器和散发皿内 |
| | 磷酸氢二铵 | 引诱，只限用于诱捕器中使用 |

注1：该清单每年都可能根据新的评估结果发布修改单。
注2：国家新禁用的农药自动从该清单中删除。

## A.2　A级绿色食品生产允许使用的其他农药清单

当表A.1所列农药和其他植保产品不能满足生产需要时，A级绿色食品生产还可按照农药产品标签或GB/T8321的规定使用下列农药：

**a）杀虫杀螨剂**

1）苯丁锡
2）甲氰菊酯
3）吡丙醚
4）甲氧虫酰肼
5）吡虫啉
6）抗蚜威
7）吡蚜酮
8）喹螨醚
9）虫螨腈
10）联苯肼酯
11）除虫脲
12）硫酰氟
13）啶虫脒
14）螺虫乙酯
15）氟虫脲
16）螺螨酯
17）氟啶虫胺腈
18）氯虫苯甲酰胺
19）氟啶虫酰胺

20）灭蝇胺

21）氟铃脲

22）灭幼脲

23）高效氯氰菊酯

24）氰氟虫腙

25）甲氨基阿维菌素苯甲酸盐

26）噻虫啉

27）噻虫嗪

28）噻螨酮

29）噻嗪酮

30）杀虫双

31）杀铃脲

32）虱螨脲

33）四聚乙醛

34）四螨嗪

35）辛硫磷

36）溴氰虫酰胺

37）乙螨唑

38）茚虫威

39）唑螨酯

**b）杀菌剂**

1）苯醚甲环唑

2）吡唑醚菌酯

3）丙环唑

4）代森联

5）代森锰锌

6）代森锌

7）稻瘟灵

8）啶酰菌胺

9）啶氧菌酯

10）多菌灵

11）噁霉灵

12）噁霜灵

13）噁唑菌酮

14）粉唑醇

15）氟吡菌胺

16）氟吡菌酰胺

17）氟啶胺

18）氟环唑

19）氟菌唑

20）氟硅唑

21）氟吗啉

22）氟酰胺

23）氟唑环菌胺

24）腐霉利

25）咯菌腈

26）甲基立枯磷

27）甲基硫菌灵

28）腈苯唑

29）腈菌唑

30）精甲霜灵

31）克菌丹

32）喹啉铜

33）醚菌酯

34）嘧菌环胺

35）嘧菌酯

36）嘧霉胺

37）棉隆

38）氰霜唑

39）氰氨化钙

40）噻呋酰胺

41）噻菌灵

42）噻唑锌

43）三环唑

44）三乙膦酸铝

45）三唑醇

46）三唑酮

47）双炔酰菌胺

48）霜霉威

49）霜脲氰

50）威百亩

51）菱锈灵

52）肟菌酯

53）戊唑醇

54）烯肟菌胺

55）烯酰吗啉

56）异菌脲

57）抑霉唑

c）**除草剂**

1）2甲4氯

2）氨氯吡啶酸

3）苄嘧磺隆

4）丙草胺

5）丙炔噁草酮

6）丙炔氟草胺

7）草铵膦

8）二甲戊灵

9）二氯吡啶酸

10）氟唑磺隆

11）禾草灵

12）环嗪酮

13）磺草酮

14）甲草胺

15）精吡氟禾草灵

16）精喹禾灵

17）精异丙甲草胺

18）绿麦隆

19）氯氟吡氧乙酸（异辛酸）

20）氧氟吡氧乙酸异辛酯

21）麦草畏

22）咪唑喹啉酸

23）灭草松

24）氰氟草酯

25）炔草酯

26）乳氟禾草灵

27）噻吩磺隆

28）双草醚

29）双氟磺草胺

30）甜菜安

31）甜菜宁

32）五氟磺草胺

33）烯草酮

34）烯禾啶

35）酰嘧磺隆

36）硝磺草酮

37）乙氧氟草醚

38）异丙隆

39）唑草酮

**d）植物生长调节剂**

1）1-甲基环丙烯

2）2,4-滴（只允许作为植物生长调节剂使用）

3）矮壮素

4）氯吡脲

5）萘乙酸

6）烯效唑

注：国家新禁用或列入《限制使用农药名录》的农药自动从上述清单中删除

## 第四节　国家禁用和限用的农药名单

（黄南州绿色有机示范州建设禁用限用名单）

近些年，为保障农业生产安全、农产品质量安全和生态环境安全，有效预防、控制和降低农药使用风险。国家对于农药方面的监管越来越严，农业农村部及相关主管当局陆续发布了许多禁用和限用的农药产品清单。

《农药管理条例》第三十四条对农药禁限用方面也作出了相关规定：农药使用者应当严格按照农药的标签标注的使用范围、使用方法和剂量、使用技术要求和注意事项使用农药，不得扩大使用范围、加大用药剂量或者改变使用方法。农药使用者不得使用禁用的农药。标签标注安全间隔期的农药，在农产品收获前应当按照安全间隔期的要求停止使用。剧毒、高毒农药不得用于防治卫生害虫，不得用于蔬菜、瓜果、菌类、中草药材的生产，不得用于水生植物的病虫害防治。

企业应严格遵守该规定，如使用禁用的农药或者超出农药登记批准使用范围的农药，均按照假农药处理，除面临罚款外，情节严重的由发证机关吊销农药生产许可证和相应的农药登记证。构成犯罪的，依法追究刑事责任。

截至2020年1月，我国禁限用89种农药，其中41种为禁用农药（表11-1）、48种限用农药（表11-2），另外还有23种停止新增登记的农药（表11-3）。预计未来一段时间内，随着风险评估的引入和国家对安全、高效、经济农药的鼓励和支持，会有越来越多的高风险农药产品被列为禁限用农药，企业也要注意开发新的农药产品，淘汰高风险的农药产品，从而增强企业竞争力。

## 表11-1 国家禁止使用的农药清单（41种）

| 序号 | 农药名称 | 禁用原因 | 撤销登记日期 | 禁止销售使用日期 | 公告 |
|---|---|---|---|---|---|
| 1 | 六六六 | 持久有机污染物 | 2002年6月5日 | 2002年6月5日 | 农业部公告第199号 |
| 2 | 滴滴涕 | | | | |
| 3 | 毒杀芬 | | | | |
| 4 | 艾氏剂 | 持久有机污染物 | | | |
| 5 | 狄氏剂 | | | | |
| 6 | 溴乙烷 | | 2002年6月5日 | 2002年6月5日 | 农业部公告第199号 |
| 7 | 除草醚 | 致癌、致畸、生殖毒性 | | | |
| 8 | 杀虫脒 | | | | |
| 9 | 敌枯双 | | | | |
| 10 | 二溴氯丙烷 | | | | |
| 11 | 砷、铅类 | 高毒、富集 | | | |
| 12 | 汞制剂 | | | | |
| 13 | 氟乙酰胺 | | | | |
| 14 | 甘氟 | | | | |
| 15 | 毒鼠强 | | | | |
| 16 | 氟乙酸钠 | | | | |
| 17 | 毒鼠硅 | | | | |
| 18 | 甲胺磷 | 高毒、剧毒 | 2003年12月31日（混配制剂） | 2004年6月30日（混配制剂）；2008年1月9日（原药和单剂） | 农业部第274号公告；五部门2008年第1号公告 |
| 19 | 对硫磷 | | | | |
| 20 | 甲基对硫磷 | | | | |
| 21 | 久效磷 | | | | |
| 22 | 磷胺 | | | | |

(续表11-1)

| 序号 | 农药名称 | 禁用原因 | 撤销登记日期 | 禁止销售使用日期 | 公告 |
|---|---|---|---|---|---|
| 23 | 八氯二丙醚 | 在生产、使用过程中具有较大风险和危害 | 2007年3月1日 | 2008年1月1日 | 农业部公告第747号 |
| 24 | 苯线磷 | 高毒 | 2011年10月31日 | 2013年10月31日 | 农业部公告第1586号 |
| 25 | 地虫硫磷 | | | | |
| 26 | 甲基硫环磷 | | | | |
| 27 | 磷化钙 | | | | |
| 28 | 磷化镁 | | | | |
| 29 | 磷化锌 | | | | |
| 30 | 硫线磷 | | | | |
| 31 | 蝇毒磷 | | | | |
| 32 | 治螟磷 | | | | |
| 33 | 特丁硫磷 | | | | |
| 34 | 百草枯水剂 | 对人畜毒害大 | 2014年7月1日撤销百草枯水剂登记证和生产许可证,停止生产,保留母药生产企业水剂出口境外使用登记、允许专供出口生产 | 2016年7月1日停止水剂在国内销售和使用 | 农业部、工业和信息化部、国家质量监督检验检疫总局公告第1745号 |

(续表11-1)

| 序号 | 农药名称 | 禁用原因 | 撤销登记日期 | 禁止销售使用日期 | 公告 |
|---|---|---|---|---|---|
| 35 | 氯磺隆（包括原药、单剂和复配制剂） | 长残效致药害 | 2013年12月31日 | 2015年12月31日 | 农业部公告第2032号 |
| 36 | 胺苯磺隆 | 长残效致药害 | 2013年12月31日撤销单剂产品登记证；2015年7月1日撤销原药和复配制剂产品登记证 | 2015年12月31日禁止单剂产品销售使用；2015年7月1日禁止复配制剂产品销售使用 | 农业部公告第2032号 |
| 37 | 甲磺隆 | 长残效致药害 | 2013年12月31日撤销单剂产品登记证；2015年7月1日撤销原药和复配制剂产品登记证 | 2015年12月31日禁止单剂产品在国内销售使用；2017年7月1日禁止在国内销售使用，保留出口境外使用登记。 | 农业部公告第2032号 |
| 38 | 福美胂 | 对人类和环境高风险 | 2013年12月31日 | 2015年12月31日 | 农业部公告第2032号 |
| 39 | 福美甲胂 | 对人类和环境高风险 | 2013年12月31日 | 2015年12月31日 | 农业部公告第2032号 |
| 40 | 三氯杀螨醇 | 高毒 | 2016年9月7日 | 2018年10月1日 | 农业部公告第2445号 |
| 41 | 氟虫胺 | 持久有机污染物 | 2019年3月26日 | 2020年1月1日 | 农业农村部公告第148号 |

注：目前，农业农村部对六六六等41种农药采取禁用措施，其中公告第148号新增对氟虫胺的管理措施，自2019年3月22日起，不再受理、批准含氟虫胺农药产品（包括该有效成分的原药、单剂、复配制剂）的农药登记和登记延续；自2019年3月26日起，撤销含氟虫胺农药产品的农药登记和生产许可；自2020年1月1日起，禁止使用含氟虫胺成分的农药产品。

表11-2 国家限制使用的农药清单（48种）

| 序号 | 农药名称 | 禁用范围 | 公告 | 施行日期 | 限用原因 | 备注 |
|---|---|---|---|---|---|---|
| 1 | 氧乐果 | 甘蓝 | 农业部公告第194号 | 2002.6.1 | 高毒 | 实行定点经营，标签应标注"限制使用"字样；用于食用农产品的，还应标注安全间隔期 |
| 2 | 甲基异柳磷 | 果树 | 农业部公告第194号 | 2002.6.1 | | |
| | | 蔬菜、果树、中草药材 | 农业部公告第199号 | 2002.6.5 | | |
| 3 | 涕灭威 | 苹果树 | 农业部公告第194号 | 2002.6.1 | | |
| | | 蔬菜、果树、中草药材 | 农业部公告第199号 | 2002.6.5 | | |
| 4 | 克百威 | 蔬菜、果树、中草药材 | 农业部公告第199号 | 2002.6.5 | | |
| 5 | 甲拌磷 | 蔬菜、果树、中草药材 | 农业部公告第199号 | 2002.6.5 | | |
| 6 | 特丁硫磷 | 蔬菜、果树、中草药材 | 农业部公告第199号 | 2002.6.5 | | |
| 7 | 甲胺磷 | 蔬菜、果树、中草药材 | 农业部公告第199号 | 2002.6.5 | 高毒 | |
| 8 | 甲基对硫磷 | | | | | |
| 9 | 对硫磷 | | | | | |
| 10 | 久效磷 | | | | | |
| 11 | 磷胺 | | | | | |

（续表11-2）

| 序号 | 农药名称 | 禁用范围 | 公告 | 施行日期 | 限用原因 | 备注 |
|---|---|---|---|---|---|---|
| 12 | 甲基硫环磷 | 蔬菜、果树、中草药材 | 农业部公告第199号 | 2002.6.5 | 高毒 | |
| 13 | 治螟磷 | | | | | |
| 14 | 内吸磷 | | | | | |
| 15 | 灭线磷 | | | | | |
| 16 | 硫环磷 | | | | | |
| 17 | 蝇毒磷 | | | | | |
| 18 | 地虫硫磷 | | | | | |
| 19 | 氯唑磷 | | | | | |
| 20 | 苯线磷 | | | | | |
| 21 | 丁酰（比久） | 花生 | 农业部公告第274号，农发（2010）2号通知 | 2003.4.30 | 致癌 | |
| 22 | 氟虫腈 | 仅限于卫生用、玉米等部分旱田种子包衣剂和专供出口产品使用 | 农业部公告第1157号 | 2009.10.1 | 对甲壳类水生生物和蜜蜂具有高风险，在水和土壤中降解慢 | 标签应标注"限制使用"字样；用于食用农产品的，还应标注安全间隔期 |

（续表11-2）

| 序号 | 农药名称 | 禁用范围 | 公告 | 施行日期 | 限用原因 | 备注 |
|---|---|---|---|---|---|---|
| 23 | 灭多威 | 苹果树、十字花科蔬菜 | 农业部公告第1586号 | 2011.6.15 | 高毒 | 实行定点经营，标签应标注"限制使用"字样；用于食用农产品的，还应标注安全间隔期 |
| 24 | 硫线磷 | 黄瓜 | 农业部公告第1586号 | 2011.6.15 | | |
| 25 | 硫丹 | 苹果树 | | | | |
| | | 农业 | 农业部公告第2552号 | 2019.1.1 | | |
| 26 | 溴甲烷 | 草莓、黄瓜 | 农业部公告第1586号 | 2011.6.15 | 高毒/蒙特利尔协议管制物（破坏臭氧层） | 实行定点经营，标签应标注"限制使用"字样；用于食用农产品的，还应标注安全间隔期 |
| | | 限用于土壤熏蒸，在专业技术人员指导下使用 | 农业部公告第2289号 | 2015.10.1 | | |
| | | 农业 | 农业部公告第2552号 | 2019.1.1 | | |
| 27 | 毒死蜱 | 蔬菜 | 农业部公告第2032号 | 2016.12.31 | 残留超标 | 标签应标注"限制使用"字样；用于食用农产品的，还应标注安全间隔期 |
| 28 | 三唑磷 | | | | | |

（续表11-2）

| 序号 | 农药名称 | 禁用范围 | 公告 | 施行日期 | 限用原因 | 备注 |
|---|---|---|---|---|---|---|
| 29 | 氧化苦 | 限用于土壤熏蒸，在专业技术人员指导下使用 | 农业部公告第2289号 | 2015.10.1 | 高毒 | 实行定点经营，标签应标注"限制使用"字样；用于食用农产品的，还应标注安全间隔期 |
| 30 | 磷化铝 | 限规范包装的磷化铝农药产品，应当内外双层包装。外包装应具有良好密闭性，防水防潮防气体外泄。内包装应具有通透性，便于直接熏蒸使用。内、外包装均应标注高毒标识及"人畜居住场所禁止使用"等注意事项。 | | | 对人畜高毒 | 实行定点经营，标签还应标注"限制使用"字样；用于食用农产品的，还应标注安全间隔期 |

（续表11-2）

| 序号 | 农药名称 | 禁用范围 | 公告 | 施行日期 | 限用原因 | 备注 |
|---|---|---|---|---|---|---|
| 31 | 乙酰甲胺磷 | 蔬菜、瓜果、菌类和中草药材 | 农业部公告第2552号 | 2019.8.1 | 剧毒、高毒 | 标签应标注"限制使用"字样；用于食用农产品的，还应标注安全间隔期 |
| 32 | 丁硫克百威 | | | | 高毒 | |
| 33 | 乐果 | | | | | |
| 34 | 氟鼠灵 | | 农业部公告第2567号 | 2017.10.1 | | 实行定点经营，标签还应标注"限制使用"字样；用于食用农产品的，还应标注安全间隔期 |
| 35 | 百草枯 | | | | | |
| 36 | 2.4-D丁酯 | | | | | |
| 37 | C型肉毒梭菌毒素 | | | | | |
| 38 | D型肉毒梭菌毒素 | | | | | |
| 39 | 敌鼠钠盐 | | | | | |
| 40 | 杀鼠灵 | | | | | |
| 41 | 杀鼠醚 | | | | | |
| 42 | 溴敌隆 | | | | | |
| 43 | 溴鼠灵 | | | | | |

注：目前，农业农村部对氧乐果等48种农药在某些作物上进行限制使用。其中，从2019年8月1日起，禁止乙酰甲胺磷、丁疏克百威、乐果在蔬菜、瓜果、菌类和中草药材作物上使用。灭线磷实行定点经营，标签还应标注限制使用字样，用于食用农产品的，还应标注安全间隔期。

### 表11-3 停止新增农药登记清单（23种）

| 序号 | 农药名称 | 原因 | 公告 | 施行日期 |
|---|---|---|---|---|
| 1 | 内吸磷 | 高毒 | 农业部公告第194号 | 2002年4月22日（临时登记申请） |
| 2 | 甲拌磷 | 高毒 | 农业部公告第194号 农业部公告第1586号 | 2002年4月22日（临时登记申请），2011年6月15日（登记申请） |
| 3 | 氧乐果 | | | |
| 4 | 水胺硫磷 | | | |
| 5 | 特丁硫磷 | | | |
| 6 | 甲基硫环磷 | | | |
| 7 | 治螟磷 | | | |
| 8 | 甲基异柳磷 | | | |
| 9 | 涕灭威 | | | |
| 10 | 克百威 | | | |
| 11 | 灭多威 | | | |
| 12 | 苯线磷 | 高毒 | 农业部公告第1586号 | 2011年6月15日（登记申请） |
| 13 | 地虫硫磷 | | | |
| 14 | 磷化钙 | | | |
| 15 | 磷化镁 | | | |
| 16 | 磷化锌 | | | |
| 17 | 硫线磷 | | | |
| 18 | 蝇毒磷 | | | |
| 19 | 杀扑磷 | | | |
| 20 | 灭线磷 | | | |
| 21 | 磷化铝 | | | |
| 22 | 溴甲烷 | | | |
| 23 | 硫丹 | | | |

# 第十二章 化肥

## 第一节 黄南州"两减"行动粮油作物施肥技术要点

### 一、施肥原则

（一）有机肥替代化肥的原则

各市（县）在化肥减量增效试点实施过程中，根据实际情况，选择商品有机肥或农家肥替代化肥。

（二）施肥与深翻相结合的原则

结合深松深耕，一般耕深25~30 cm，打破犁底层，达到上翻下疏松，促进根系发育，提高水肥利用效率。

（三）秋施肥与春施肥相结合的原则

有条件的地区可采用秋季深翻施用。春季施用，要撒施均匀，深翻入耕作层15~20 cm。

### 二、建议施肥量

（一）基肥

应根据不同生态区、不同产量水平施用基肥，主要粮油作物商品有机肥或农家肥替代化肥的施用量推荐如表12-1所示。

表12-1 主要粮油作物的商品有机肥或农家肥替代化肥的推荐施用量

| 作物 | 目标产量（kg/亩） | 商品有机肥（kg/亩） | 农家肥（kg/亩） |
| --- | --- | --- | --- |
| 小麦 | 400～500 | 360～400 | 2 000～2 500 |
| | 250～350 | 290～330 | 1 800～2 200 |
| | 200～250 | 260～300 | 1 500～2 000 |
| 青稞 | 250 | 400～450 | 2 200～2 500 |
| | 200～250 | 350～400 | 1 800～2 200 |
| 马铃薯 | 2 300～2 500 | 500～550 | 3 500～4 000 |
| | 2 000～2 300 | 450～500 | 3 000～3 500 |
| | 2 000 | 400～450 | 2 500～3 000 |
| 蚕豆 | 300～400 | 240～280 | 2 000～2 200 |
| | 250～350 | 210～250 | 1 800～2 000 |
| 油菜（甘蓝型） | 250～300 | 350～400 | 2 000～2 500 |
| | 200～250 | 320～360 | 1 800～2 000 |
| | 200～220 | 290～330 | 1 500～1 800 |
| 油菜（白菜型） | 150 | 270～300 | 2 000～2 200 |
| | 100～150 | 230～270 | 1 800～2 000 |
| | 150 | 190～230 | 1 500～1 800 |

### （二）追肥

在农作物关键生育期喷施有机叶面肥1～2次，间隔7 d左右，补充作物对养分的需求。其中，小麦、青稞在分蘖—拔节期，孕穗—抽穗期；马铃薯在块茎膨大期；油菜在蕾薹—初花期；蚕豆在开花—结荚期。

# 第二节　黄南州"两减"行动蔬菜施肥技术要点

## 一、结合深翻、深松，实施深施基肥技术要点

### （一）施肥方法

有机肥使用方法有撒施、沟施或两者结合使用等方法。

1. 撒施

一是撒施要均匀；二是深翻入耕作层15~20 cm。

2. 沟施

开沟宽75 cm，沟深15~20 cm，将肥料和土混填入沟中，起垄覆膜。

3. 建议

秋天施肥；播种前：水地施肥浇水7 d后播种定植，旱地施肥翻耕15 d后播种定植。

### （二）施肥量

按不同作物需肥规律和"两减"实施方案要求确定。露地蔬菜施商品有机肥不少于0.9 t/亩，设施蔬菜施商品有机肥不少于1.5 t/亩。通过深翻、深松，使土肥充分混合，上下土层混合，减轻表土

板结,降低土壤容重,提高土壤通透性,达到培肥地力、减少化肥用量的目的。

(三)施肥过程

先施基肥(可分期施肥),再浇水,最后定植。

## 二、追施肥"少量多次",按需施肥技术要点

(一)选肥

选择含氨基酸或腐殖酸的有机水溶肥。

(二)追肥

追肥时,应按常规追肥要求进行操作。

(三)追肥量

每次随水追肥5~10 kg/亩,叶面肥施肥量和比例按叶面肥产品使用说明进行调配。

(四)追施方法

设施内,可利用水肥一体化设备,通过膜下暗(滴)灌的形式进行追施;露地,平畦则随水追施,垄栽则叶面追施。

## 三、绿肥种植技术要点

以箭筈豌豆为例:

播种前,在翻耕、整地的同时,每亩施入过磷酸钙25~50 kg作底肥。

播种期,在蔬菜种植休耕期种植绿肥。

播种量,一般3.0~3.5 kg/亩。

播种方法，播深3~4 cm；条播行距30~40 cm；也可撒播，但对保苗不利。

田间管理，出苗后适时浇水，全生育期灌2~3次即可；在箭筈豌豆长至30 cm或下茬蔬菜定植前20 d，刈青或碾压后耕翻入土10~20 cm。

## 第三节　黄南州"两减"行动粮油作物病虫害绿色防控技术要点

### 一、防治思路

坚持"预防为主，综合防治"的植保工作方针，切实加强病虫监测预警，注重关键防治技术集成配套，协调应用生物防治、物理防治、生态控制和化学防治等措施，减少化学农药污染，大力推进专业化统防统治，提高防治效果，抓住关键时期和重点环节，有效遏制重大病虫暴发为害。

### 二、技术措施

（一）油菜

油菜露尾甲、黄条跳甲、茎象甲、角野螟、小菜蛾、菌核病等病虫害在黄南州各地常发重发。

1. 油菜"三甲"

苗期每亩挂放20~30张黄板，悬挂高度高出油菜表面10 cm，防治油菜黄条跳甲和茎象甲。现蕾期开始每亩挂放20~30张蓝板，高出油菜表面10 cm，防治油菜露尾甲。

2. 油菜菌核病

加强田间管理；结合播种深翻，施用盾壳霉、木霉菌等生物防治菌，加速腐烂土壤中菌核，减少田间菌核数量。发生初期，可选用盾壳霉、木霉菌或地衣芽孢杆菌等生物菌剂防治。

3. 油菜角野螟和小菜蛾

安装太阳能杀虫灯，安装高度为1.6~2.0 m，每晚21时至次日1时自动开灯，诱杀小菜蛾和油菜角野螟。

挂放小菜蛾性诱剂，悬挂高度为高出油菜表面20 cm，诱杀小菜蛾。

可选用0.9%阿维菌素、1.2%苦参碱·烟碱等农药喷雾防治。

（二）小麦

根据小麦不同生育阶段，明确主攻对象，兼顾次要病虫，统筹兼顾，综合防治。

1. 条锈病

按照"带药侦查、发现一点、防治一片"的原则，重点对早期发现的病点和病田进行喷药防治，快速扑灭发病中心，控制条锈病早期扩繁，减少菌源基数。在条锈病流行区，根据监测预报，在病害发生初期，可选用嘧啶核苷类抗菌素等。

2. 蚜虫

当苗期蚜量达到百株500头时，应进行重点防治。穗期田间百穗蚜量达800头，益害比（天敌∶蚜虫）低于1∶150时，可选用苦参碱、耳霉菌等药剂喷雾防治。有条件的地区，提倡释放蚜茧蜂、瓢虫等进行生物防治。

**3. 麦茎蜂**

选育秆壁厚且抗虫品种；麦收后进行土壤深翻；与十字花科、茄科等作物轮作倒茬。

## （三）马铃薯

以马铃薯晚疫病、早疫病、黑胫病、病毒病、地下害虫、蚜虫等为重点防控对象。

**1. 晚疫病**

选用抗病品种；种薯处理：提倡小种薯播种，需切块的，用75%的乙醇浸泡2~3 s或0.3%~0.4%高锰酸钾浸泡5~6 min对切刀进行消毒，两把切刀轮换使用；合理栽培：合理密植，推广高垄、大垄栽培，控制氮肥，增施磷钾肥，适当增施钙肥提高植株自身抗病能力。避免与茄科类、十字花科类作物轮作或套种；控制徒长：在现蕾期有徒长迹象时，采用烯效唑或马铃薯专用植物生长调节剂均匀喷雾控制徒长；依据马铃薯晚疫病监测预警系统监测结果，确定防治最佳时期；当发现中心病株时，要连根将薯块全部挖出，隔离条件下，带出田外深埋或销毁，对病株周围50 m范围内喷施嘧啶核苷类抗菌素等药剂进行均匀喷雾封锁控制。

**2. 早疫病**

农业防治：选用抗（耐）病品种，增施有机肥；生长期加强肥水管理，适量增施钾肥，适时喷施叶面肥；雨后及时清沟排渍降湿，促进植株健康。

药剂防治：发病初期喷施保护性杀菌剂，如丙森锌或代森锰锌等药剂1~2次。

3. 病毒病

采用优质脱毒种薯播种。

4. 黑胫病

选用抗病品种；选用无病种薯，采用小整薯播种；切刀消毒；轮作1年以上；选用噻菌铜或噻霉酮药剂浸泡种薯或拌种；发现病株应及时全株拔除，集中销毁，在病穴及周边撒少许熟石灰；药剂防治：用噻菌铜或噻霉酮药剂灌根处理。

5. 蚜虫

农业防治：铲除田间、地边杂草，切断蚜虫中间寄主和栖息场所。

物理防治：针对迁飞性蚜虫，可用黄板进行诱杀，在诱虫板粘满虫子时及时更换。

6. 地下害虫

主要包括金针虫、蛴螬、地老虎等。

农业防治：秋季深翻地，减少越冬虫源，清除田园及周边杂草，减少幼虫和虫卵数量。

物理防治：田间安放杀虫灯或性信息素诱杀成虫，控制虫源基数；杀虫灯每30~50亩安装一盏灯，灯间距离150~180 m，离地面高度1.5~1.8 m；性诱剂诱捕器每1亩设置1个，设置高度离马铃薯植株顶端20 cm左右。

生物防治：播种时可选用绿僵菌或白僵菌、苏云金杆菌等生物制剂混土处理。

（四）青稞

黄南州青稞病虫害主要是黑穗病、条纹病、云纹病、蚜虫等。

重点采取的防治技术措施：一是推广和茄科、十字花科、豆科等作物轮作，避免与麦类连作；二是选用抗病、抗倒伏、产量高、品质好的中早熟品种；三是用石灰水浸种拌种；四是加强栽培管理，做到适期早播、合理密植，加强水肥管理，促进青稞生长整齐。

### （五）豆类

黄南州豆类病虫害主要是蚕豆赤斑病、蚕豆褐斑病、豌豆根瘤象、蓟马、蚜虫等。

重点采取的防治技术措施：一是实行3年以上的轮作；二是选用抗性品种；三是加强栽培管理，合理密植和整枝。

## 三、应急防控

### （一）小麦条锈病

当田间平均病叶率达到0.5%～1.0%时，应该组织开展大面积应急防控，并且做到同类区域防治全覆盖。使用高效植保机械联片进行统防统治，确保有效控制为害。可选用三唑酮、烯唑醇、戊唑醇、氟环唑、粉唑醇、己唑醇、丙环唑、醚菌酯、吡唑醚菌酯进行防治。

### （二）蚜虫

选用吡蚜酮、啶虫脒、吡虫啉、高效氯氟氰菊酯、联苯·噻虫胺喷雾进行防治。

### （三）麦茎蜂

成虫羽化盛期，采用2.5%溴氰菊酯、氰戊菊酯或用25%高效氯氰菊酯喷雾。

## （四）马铃薯晚疫病

流行期药剂控病，依据预警系统监测结果，在生长环境达到发病条件时，每间隔7 d喷施1次保护性杀菌剂，如代森锰锌、丙森锌、双炔酰菌胺等进行预防；发病初期，应立即组织开展专业化统防统治，选用治疗性杀菌剂，如烯酰吗啉、氟吡菌胺·霜霉威、噁唑菌酮·霜脲氰、锰锌·氟吗啉等药剂均匀喷雾防治2~4次，施药间隔期5~7 d，喷药后4 h遇雨应及时补喷。注重轮换用药，适当利用有机硅助剂提高药效。

## （五）马铃薯早疫病

发病较重时，用百菌清、啶酰菌胺、烯酰·吡唑酯、噁唑菌酮·霜脲氰等药剂防治，隔7~10 d喷1次，连喷2~3次。

## （六）病毒病

马铃薯在发病初期，应该及时地使用药剂喷洒防治，以减轻病害，常用的药剂主要有20%病毒克星可溶性粉剂400倍液、15%病毒必克可湿性粉剂500~700倍液等。在田间病毒病主要通过蚜虫及汁液摩擦传毒，当生长期发病较重时，根据蚜虫发生情况，采用吡虫啉、啶虫脒等药剂加矿物油进行喷雾防治。

## （七）蚕豆赤（褐）斑病

病害发生较重时，可选用甲基硫菌灵、嘧菌酯等喷雾防治。

## （八）油菜菌核病

油菜花期推荐使用无人机进行统防统治，迅速控制病害蔓延，减轻菌核病发生程度，减轻为害。始花期喷药1次，重点保护油菜茎基部；盛花期喷药1次，阻断花瓣接触侵染。可选用咪鲜胺、菌核净和多菌灵等乳剂或水剂为主的药剂适时防控。

# 第四节　黄南州"两减"行动蔬菜病虫害绿色防控

## 一、基本原则

### （一）绿色高效原则

以产出安全、优质、营养类蔬菜为目标，以减肥、减药、减污为原则，以管理和技术为手段，选用绿色、安全、高效的病虫草害防治措施，实现蔬菜生产全程质量控制，进行病虫草害绿色防控和绿色高质高效生产技术模式的整合应用，实现蔬菜全程绿色高质高效生产。

### （二）节本增效原则

以节本减工、提质增效为原则，探索总结精准、轻简、安全、高效病虫草害防控模式，提高蔬菜绿色高效生产技术应用水平。

### （三）整体把控原则

坚持"预防为主，综合防治"的植保工作方针，加强病虫草预测预警，综合应用多种防控措施，抓准不同病虫草害防治的关键时期和重点环节，尽量减少或避免使用化学农药。如遇草地贪夜蛾等重大病虫草害发生，立即启动应急预案，采用高效、低毒、低残留的化学农药进行紧急防治，有效遏制重大病虫草害大面积暴发。

## 二、技术措施

### （一）改善生产条件

露地菜田加强灌排水沟修建，根据实际情况选择地膜、喷灌等设施；设施菜田要更新修补老旧破损棚膜，推广应用高透光率流滴膜、水肥一体化设施、有色地膜等新材料新技术，提高棚室透光率，降低棚内湿度，能显著减轻病虫害发生率。

### （二）改进耕作方式

施足有机底肥，土壤深松，根据实际集成应用起垄栽培、全覆膜、膜下灌溉等技术，促进作物根系发育，增强土壤蓄水保墒性能，提高养分和水分利用率。

### （三）提升土壤肥力

因地因时制宜，结合夏闲时节高温闷棚，开展土壤太阳能消毒、石灰氮消毒、火焰消毒、化学消毒等农事操作，防止或减轻连作障碍导致的一系列问题发生。也可结合秸秆生物反应堆技术和植物源肥料，配合使用土壤调理剂修复土壤生态系统，提升土壤供肥能力。

### （四）安排合理茬口

结合生产现状、市场需求和消费习惯，实行科学、合理的轮、间作制度，对易发生连作障碍的茄科、葫芦科、豆科等蔬菜要实行严格的轮、间作，有条件的地区可实行湿旱轮作、菌菜轮作、粮菜轮作等高效栽培模式。

### （五）选择优良品种

选择抗逆性强、抗病虫害、优质高产商品性好、适宜本地种植的蔬菜品种，可按照传统品种与名特优稀蔬菜相结合、长季生产与短季生产相结合、早中晚熟品种相结合，合理安排。需要育苗移栽的蔬菜，建议选用集约化基质育成的无病壮苗。

（六）加强田间管理

合理施肥、浇水，适当早施追肥，增施磷肥、钾肥，以提高蔬菜抗病虫能力，适时采收。

（七）科学防控灾害

为提高病虫害绿色防控效果，要贯彻以预防为主，综合应用农业、物理、生物、化学防治的方针。

1. 农业防治

包括选用抗病虫品种，实行科学轮作，合理应用葱、蒜、芹菜等伴生栽培防控病虫害，实行深耕起垄栽培，采用黑色、黑白双面、银黑双面地膜覆盖。

2. 物理防治

包括浸种消毒、防虫网、黄蓝板、杀虫灯、性诱剂、食诱剂、臭氧消毒机等的科学应用。

3. 生物防治

细菌防治：苏云金杆菌、枯草芽孢杆菌等。

真菌防治：绿僵菌、白僵菌（粉虱）、哈茨木霉菌、木霉菌、井冈霉素、春雷霉素、多抗霉素、武夷菌素、宁南霉素、硫酸链霉素等。

病毒防治：核型多角体病毒等。

杀虫剂：苦参碱（蚜虫）、鱼藤酮（蚜虫）、印楝素、藜芦碱（蚜虫、螨类）、除虫菊素（蚜虫）、阿维菌素（粉虱、螨类）、多杀霉素（对螟、蛾、蝇和棉铃虫有较显著防效，对有益昆虫危害小，资料显示应用前景较好，可以引进试验）、乙基多杀菌素（粉虱、蛾类、蓟马、螟类和菜青虫等，资料显示应用前景好，建议重点试验）等。

诱抗剂：几丁聚糖、低聚糖素、超敏蛋白等。

生长调节剂：芸苔素内酯、赤霉酸、吲哚乙酸、吲哚丁酸等。

信息素/引诱剂：诱蝇羧酯（地中海实蝇引诱剂）、诱虫烯、迷向素等。

天敌生物（杀虫）：赤眼蜂、平腹小蜂、丽蚜小蜂、小花蝽、捕食螨等。

4. 化学防治

如遇以上措施难以控制的病虫草害，应及时科学、合理选用高效低毒低残留化学农药进行防治，以免对蔬菜产量和品质造成不可挽回的损失。准确判断病虫草害类型，选择高效低毒、低残留农药，做到用法用量及安全间隔期精确无误。

## 三、应急预案

坚持"预防为主，综合防治"的植保工作方针，切实加强预测预警，谨防重大病虫草害发生。

### （一）重视信息发布

各县农牧（水利）和科技局要积极与气象部门沟通，准确预测预报极端天气信息，持续监测重大病虫草害发生情况，如有灾害发生前兆，尽早发布相关信息及应对措施，组织种植户防灾抗灾，尽量减少灾害损失。

## （二）做好预防措施

蔬菜病虫草害要做到早防早治，抓住防治关键时期和重点环节，综合应用多种措施进行防控。如遇草地贪夜蛾等重大病虫草害发生，立即启动应急预案，采用高效、低毒、低残留的化学农药进行紧急防治，以有效遏制重大病虫草害大面积暴发。

# 第五节 黄南州"两减"行动蔬菜病虫害绿色防控物理防治使用说明

## 一、防虫网使用方法

### （一）防虫网覆盖方法

浮面覆盖。对空心菜、苋菜、小白菜等叶菜，从播种到收获，在畦面上直接覆盖绿色防虫网；而对白菜、早花椰菜等，可在栽植后20 d内覆盖绿色防虫网，不仅能够有效防止斜纹夜蛾、甜菜夜蛾的损害，还能够防狂风暴雨，减少叶片因风雨受损伤。

利用小棚覆盖。是目前推广应用最多的覆盖方式。小棚架形状依畦宽而异，可做成小平棚，也可做成小拱棚，这种方法投入少，易推行，浇灌能够从棚外喷淋。

大棚覆盖。使用大棚架，全封闭盖上防虫网，在其内进行蔬菜的育苗或其他高效叶菜的栽培。由于透光通气，拒害虫于棚外，从种到收不揭网，不喷或少喷农药，操作管理也方便。

### （二）使用防虫网注意事项

覆盖前进行土壤消毒和化学除草是防虫网覆盖的重要配套措施，一定要杀死残留在土壤中的病菌和害虫，阻断害虫的传播途径。小拱棚覆盖栽培蔬菜时，拱棚高度要高于蔬菜的高度，防止菜叶紧贴防虫网，使网外害虫采食菜叶，产卵于菜叶。随时查看防虫网破损状况，及时堵住漏洞和缝隙。

实施生育期覆盖防虫网。选择合适的防虫网，不需要日揭夜盖或晴盖阴揭，在全生育期都可覆盖。一般风力不必压线，如遇5~6级大风，需上压网线，以防被风掀开。

挑选适合的规格。根据蔬菜种类、培养季节的不同，挑选防虫网的幅宽、孔径、丝径、颜色等。其中，最重要的是孔径，孔径目数过少，网眼过大；网眼小，防虫效果好，但遮光多，导致光照不足，影响蔬菜生长；一般较为适合的是30目网。

喷水降温。在气温较高时，白色防虫网网内气温较网外高，因此，7—8月气温特别高时，可增加洒水次数，以湿降温。

## 二、黄蓝板使用技巧

### （一）诱杀害虫种类

黄板可诱杀蚜虫、白粉虱、烟粉虱、飞虱、叶蝉、斑潜蝇等，蓝板可诱杀种蝇、蓟马等昆虫，对由这些昆虫为传毒媒介的作物病毒病也有很好的防治效果。蚜虫和美洲斑潜蝇对黄色最敏感，黄曲条跳甲对黄色的趋性较强。诱虫板应选用材质较好，双面诱杀，无毒、抗日晒，耐雨水冲刷的产品。

## （二）使用技术

### 1. 使用方法

用铁丝或绳子穿过诱虫板的两个悬挂孔，将其固定好，将诱虫板两端拉紧垂直悬挂在温室或大棚上部。在露地环境下，应使用木棍或竹片固定在诱虫板两侧，然后插入地下，固定好。

### 2. 挂板时间

挂板时间一般是从苗期到收获，保持不间断使用，可有效控制害虫发展。

### 3. 挂板数量

用于防治时，于虫害发生初期。用于监测时，从作物苗期开始悬挂，每标准棚悬挂1~2块。防治蚜虫、粉虱、叶蝉、斑潜蝇，开始可以悬挂3~5片黄色诱虫板来监测虫口密度，当诱虫板诱虫量增加时，每亩悬挂规格为25 cm×30 cm黄板25~30块，或20 cm×30 cm黄板30~35块。防治种蝇、蓟马等害虫，每亩悬挂25 cm×40 cm蓝板30块，或25 cm×20 cm蓝板35块。具体使用数量应根据诱虫板上黏着的害虫数量增加情况而定。

### 4. 悬挂方位

悬挂方向以板面向东西方向为宜，吊挂在棚中，避免在周边悬挂。

### 5. 悬挂高度

通常胶板垂直底边距离作物15~20 cm。对于蚜虫，最佳悬挂高度为超过作物5~10 cm；对于温室白粉虱的防治需适当向下调整黄板悬挂高度，以和作物平齐为佳。

6. 更换时间

当诱虫板因受风吹日晒及雨水冲刷而失去黏着力时应及时更换。当害虫布满诱虫板无法再粘害虫时可以更换诱虫板，也可以用钢锯条或竹片将虫体刮除，诱虫板可重复使用。

7. 其他

诱虫板的使用如能与其他综合防治措施（杀虫灯、性诱剂等）配合使用，将更为有效地控制害虫为害。

（三）诱虫板使用注意事项

诱虫板开始使用时间应以作物定苗后为宜，可以有效地控制害虫的繁殖数量和蔓延速度，并随作物的长势而提升诱虫板的高度。

晴天的诱集效果明显优于阴雨天，害虫对色彩的趋性在运动时远大于静止状态。如用手轻拍有烟粉虱的植株，烟粉虱成虫会成群地、强劲地飞扑向黄板，而未拍动植株上的烟粉虱飞扑向黄板的速度、距离和数量明显不及。诱虫板应与其他综合防治措施配合使用，才能更有效地控制害虫的为害。

诱虫板应选用耐雨淋、耐紫外线的产品。黏胶的主要成分为无毒压敏胶，如不小心粘在手上，可用清洁剂或溶剂清洗。

由于白粉虱的趋嫩性，对于白粉虱的防治挂黄板时间应适当提早，并根据作物的长势适当调整黄板高度。

黄板具有良好的长效性，在温室环境中可持续使用60 d。在高峰期注意黄板上蚜虫密度，过高可适当换板。

做好害虫的预测预报工作，注意成虫的发生高峰，若害虫为害严重，应及时喷药防治。

南向与垄垂直方向放置的黄板诱集虫最多，黄板位于垄高的中下部（60~90 cm）时诱集的烟粉虱成虫最多，黄板不同放置高度的单板诱虫量由高到低依次为60、90、30、120、0 cm。黄板不同放置方式以圆筒状放置的诱集量最多。其次是垂直放置，水平放置的黄板诱虫量最少。黄板不同时段的诱虫量以12:00~14:00最多，也是一天之中烟粉虱成虫活动的高峰期。

### 三、杀虫灯的科学使用方法

杀虫灯是目前许多绿色无公害、有机蔬菜、果园常用的一项杀虫技术措施。杀虫灯主要防治的害虫是带有翅膀、能迁飞的害虫。杀虫灯是运用光、波、色、味，配以高压电网，达到诱杀害虫的目的。杀虫灯有多种不同的型号，对各类害虫都有不同的作用，并且有些杀虫灯能够诱杀多种害虫，对环境友好，对人畜安全。杀虫灯一次投入，可长时间使用，经济实惠。

（一）杀虫灯主要防治的害虫

卷叶蛾、斜纹夜蛾、叶甲、地老虎成虫、蝼蛄、甜菜夜蛾、玉米螟、小菜蛾等螟蛾类、夜蛾类、灯蛾类、甲虫类、叶蝉、飞虱、粉虱、有翅蚜等害虫。

（二）杀虫灯的应用技术

1. 挂灯高度

在设施大棚内使用，挂灯高度以1.0~1.2 m为宜；在露地栽培条件下，根据作物的高度进行高低调节，主栽品种为叶菜类，一般以70 cm为宜；茄果类等以80~100 cm为宜。

2. 挂灯时间

夜晚18时至24时是各种夜间出来活动的害虫的为害高峰期，此时段诱杀害虫量比较多。挂得太早，害虫没有出来，浪费电源；挂得太晚，大部分害虫为害后不再活动，诱捕量少。

3. 挂灯月份

杀虫灯挂灯月份一般从5月初开始到10月初结束。过早月份夜间温度低，害虫不出来活动，很难起到诱杀害虫的作用。过晚月份同样害虫不再出来活动，开始准备进入越冬休眠。

4. 灯网清洗

当杀虫灯使用几天之后，灯网被害虫或者其他原因污染，灯光暗淡无光，除了影响灯光的透光率，还会影响高压电的电击力，诱杀害虫的能力下降，一般要3 d左右对灯网清洗1次。

## 四、性诱剂

性诱剂又叫性信息素，是由性成熟雌虫分泌，以吸引雄虫交配的物质。不同昆虫分泌的性信息素不同，所以具有专一性。目前，人工可以合成部分昆虫的性信息素，加入至载体中做成诱芯，用于诱集同种异性昆虫作为害虫预测预报和防治。中国科学院动物研究所已经研制出梨小食心虫诱芯、桃小食心虫诱芯、桃蛀螟诱芯、潜叶蛾诱芯、卷叶蛾诱芯等。

生产上，性诱芯必须放在性诱器中方能使用，性诱器有多种形式，常用的有水盆式和黏胶式。

### （一）水盆式

取一水盆（或碗），把性诱芯悬挂在盆口，盆内放入含有少量洗衣粉的清水，水面距诱芯约2 cm，然后将水盆悬挂在树上，可引诱害虫跌落到水中。

## （二）黏胶式

将厚纸片或塑料片卷成圆筒或三角筒形，筒内壁涂一层黏胶，诱芯悬吊在筒内，然后将筒悬挂在田间，诱来的害虫便被粘住。

## 五、食诱剂

### （一）食诱剂作用原理

利用高分子缓释载体，持续高浓度释放植物芳香物质和昆虫信息素引诱物质，以引诱靶标害虫至混有少量快杀型杀虫剂诱饵中，将其杀灭。

### （二）食诱剂的使用

使用时间：害虫羽化高峰前1~3 d或害虫成虫大量出现时，下午四点后使用最佳。

使用方法：将食诱剂混入配套杀虫剂，均匀涂布至专用诱捕器底垫上，诱捕器悬挂于作物顶部20 cm以上，每亩悬挂1~3个。

茎叶处理：将配制好的药液在田间沿作物行分布均匀地滴洒若干个药液条带于作物顶部较大叶面上，每行条带滴洒10~20 m长度。

### （三）食诱剂使用效果

食诱剂优势。采用吸引害虫至某一特定范围集中诱杀以代替传统全田喷洒的方式，相比较而言，农药的用量仅需要后者的1%~2%即可，大幅减少化学农药的使用。

高效防治：产卵前同时诱集雌雄害虫成虫，大幅度降低害虫种群基数。

专一性强：只诱杀靶标害虫，对天敌无害，不破坏田间生态。

便捷安全：无须满田间喷洒，省药省工，药效无盲区。

绿色环保：不含农药成分，无农药残留，环境友好，不污染水源和土壤。

### （四）食诱剂类别

**澳宝丽** 夜蛾生物食诱剂

防治对象：地老虎、甜菜夜蛾、甘蓝夜蛾、银纹夜蛾、棉铃虫、黏虫、金针虫、瓜绢螟、金龟子、蝼蛄等多种鳞翅目、鞘翅目和直翅目害虫。

适用作物：番茄、辣椒、甘蓝、西瓜、西葫芦、大豆、马铃薯、花卉等多种大田和经济作物。

**酷饵灵** 桑螟生物食诱剂

防治对象：桑螟

适用作物：果桑。

**科桐** 棉铃虫生物食诱剂（一代）

防治对象：棉铃虫，同时诱集地老虎、三叶草夜蛾、二点委夜蛾、黏虫、金龟子等多种害虫。

适用作物：玉米、小麦、花生、大豆等大田作物。

**澳朗特** 棉铃虫生物食诱剂（二代）

防治对象：棉铃虫，兼防治地老虎等害虫

适用作物：玉米、小麦、花生、大豆等大田作物。

**米瑞德** 盲蝽象生物食诱剂

防治对象：绿盲蝽、中黑盲蝽、苜蓿盲蝽、三点盲蝽等。

适用作物：葡萄、枣、苹果、梨、樱桃、苜蓿等。

**夸姆** 广谱害虫生物食诱芯

防治对象：地老虎、斜纹夜蛾、甜菜夜蛾、甘蓝夜蛾、银纹夜蛾、烟青虫、棉铃虫、黏虫、金针虫、瓜绢螟、金龟子、蝼蛄等多种鳞翅目、鞘翅目和直翅目害虫。也可压低瓜实蝇、斑潜蝇、小菜蛾、灯蛾、苔蛾、毒蛾、卷叶蛾、天蛾、叶甲等多种害虫种群数量。

适用作物：番茄、辣椒、甘蓝、西瓜、西葫芦、大豆、马铃薯、花卉、中药材等多种大田和经济作物。

**库玻德**　广谱害虫生物食诱芯

防治对象：地老虎、斜纹夜蛾、甜菜夜蛾、甘蓝夜蛾、银纹夜蛾、烟青虫、棉铃虫、黏虫、金针虫、瓜绢螟、金龟子、蝼蛄等多种鳞翅目、鞘翅目和直翅目害虫。也可压低瓜实蝇、斑潜蝇、小菜蛾、灯蛾、苔蛾、毒蛾、卷叶蛾、天蛾、叶甲等多种害虫种群数量。

适用作物：番茄、辣椒、甘蓝、西瓜、西葫芦、大豆、马铃薯、花卉、中药材等多种大田和经济作物。

## 第六节　"双减"行动农作物施肥技术

### 一、施肥原则

**（一）有机肥替代化肥的原则**

各地在化肥减量增效试点实施过程中，根据实际情况，选择商品有机肥或农家肥替代化肥。

**（二）有机肥与配方肥配施的原则**

根据作物需肥规律，各地结合实际，因地制宜，将配方肥用量控制在总用肥量的30%以内，选择商品有机肥或农家肥+配方肥。

（三）施肥与深翻相结合的原则

结合深松深耕，一般耕深25～30 cm，打破犁底层，达到上翻下疏松，促进根系发育，提高水肥利用效率。

（四）秋施肥与春施肥相结合的原则

有条件的地区可采用秋季深翻施用。春季施用，要撒施均匀，深翻入耕作层15～20 cm。

## 二、施肥技术

（一）推进有机肥精准施肥

根据不同区域土壤条件、作物产量潜力和养分综合管理要求，各地要合理制定符合本区域作物单位面积有机肥用量标准，减少化肥用量。

（二）调整化肥施用结构

优化氮、磷、钾配比，促进大量元素与中微量元素配合。为适应化肥农药减量增效行动发展需要，在规模施用有机肥的基础上，大力推广有机肥+氮、有机叶面肥等含腐殖酸的新型肥料。

（三）改进施肥方式

大力推广商品有机肥，示范推广全元生物有机肥、高效商品有机肥等新型有机肥肥料，提高农民科学施肥意识和技能。引进示范推广适用施肥设备，改表施、撒施为机械深施、水肥一体化、叶面喷施等方式。

## 三、主要技术模式

各地要充分利用测土配方施肥技术成果，根据不同地区不同作物的氮、磷、钾需求，做到平衡施肥。有机肥和配方肥有机结合，相互补充、相互促进，既有利于降低化肥使用量，改善生态环境，又提高肥料有效利用率，不会造成农作物减产，有利于调动群众种粮积极性。建议各地结合实际，因地因作物施肥，在积极引导和鼓励广大种植户积极施用农家肥的基础上，将配方肥用量控制在总用肥量的30%以内，可以从以下几种技术模式中自行选择。

（一）大田"有机肥 + 有机叶面肥"模式

采用"有机肥+有机叶面肥"模式，包括施用商品有机肥+有机叶面肥、农家肥+有机叶面肥等。商品有机肥建议用量300～400 kg/亩、农家肥建议用量1 500～2 500 kg/亩，叶面肥在作物需肥时期喷施1～2次。

（二）大田"有机肥 + 配方肥"模式

大田作物可采用"有机肥+配方肥"模式。商品有机肥建议用量200～280 kg/亩、农家肥建议用量1 000～1 800 kg/亩，配方肥12～15 kg/亩。

（三）蔬菜"有机肥 + 水肥一体化 + 有机叶面肥"模式

设施蔬菜采用"有机肥+水溶肥"模式，包括施用商品有机肥+水溶肥、农家肥+水溶肥等。商品有机肥建议用量700～1 100 kg/亩、农家肥建议用量4 000～7 500 kg/亩，水溶肥20～40 kg/亩，可根据蔬菜长势，喷施3～4次叶面肥。露地蔬菜，商品有机肥建议用量500～800 kg/亩、农家肥建议用量3 000～6 000 kg/亩，水溶肥15～20 kg/亩，可根据蔬菜长势，喷施2～3次叶面肥。

## （四）蔬菜"有机肥＋配方肥＋叶面肥"模式

适宜所有蔬菜种植区域，有机肥、叶面肥参照上条施用，配方肥用量控制在总用肥量的30%以内。

# 第七节 "双减"行动大田作物病虫害绿色防控技术

## 一、小麦

根据小麦不同生育阶段，明确主攻对象，兼顾次要病虫，统筹兼顾，综合防治。

### （一）条锈病

按照"带药侦查、发现一点、防治一片"的原则，重点对早期发现的病点和病田进行喷药防治，快速扑灭发病中心，控制条锈病的早期扩繁，减少菌源基数。在条锈病流行区，根据监测预报，在病害发生初期，可选用嘧啶核苷类抗菌素等。当田间平均病叶率达到0.5%~1.0%时，组织开展大面积应急防控，并且做到同类区域防治全覆盖。使用高效植保机械连片进行统防统治，确保有效控制为害。可选用三唑酮、烯唑醇、戊唑醇、氟环唑、粉唑醇、己唑醇、丙环唑、醚菌酯、吡唑醚菌酯等喷雾防控。

### （二）蚜虫

当苗期蚜量达到百株500头时，应进行重点挑治。穗期田间百穗蚜量达800头，益害比（天敌：蚜虫）低于1∶150时，可选用苦参碱、耳霉菌、阿维菌素等药剂喷雾防治。有条件的地区，提倡释放蚜茧蜂、瓢虫等进行生物防治，也可选用吡蚜酮、吡虫啉等喷雾防治。

（三）麦茎蜂

选育杆壁厚且抗虫的品种。麦收后进行土壤深翻。与十字花科、豆科等作物轮作倒茬。

## 二、马铃薯

以马铃薯晚疫病、早疫病、病毒病、黑胫病、地下害虫、蚜虫等为防治对象。

（一）晚疫病

选用抗病品种。种薯处理。提倡小种薯播种，需切块的，用75%乙醇浸泡2~3 s或0.3%~0.4%高锰酸钾浸泡5~6 min对切刀进行消毒，2把切刀轮换使用。合理栽培。合理密植，推广高垄、大垄栽培，控制氮肥，增施磷钾肥，适当增施钙肥提高植株自身抗病能力。避免与茄科类、十字花科类作物轮作或套种。控制徒长。在现蕾期有徒长迹象时，采用烯效唑或马铃薯专用植物生长调节剂均匀喷雾控制徒长。依据马铃薯晚疫病监测预警系统监测结果，确定防治最佳时期。中心病株处理。当发现中心病株时，要连根将薯块全部挖出，在隔离条件下，带出田外深埋或销毁，对病株周围50 m范围内喷施嘧啶核苷类抗菌素等药剂进行均匀喷雾封锁控制。流行期药剂控病，依据预警系统监测结果，适合发病条件开始，每间隔7 d喷施1次保护性杀菌剂，选用代森锰锌、丙森锌、双炔酰菌胺等进行预防；发病初期，应立即组织开展专业化统防统治，选用烯酰吗啉、氟吡菌胺·霜霉威、恶唑菌酮·霜脲氰、锰锌·氟吗啉等治疗性杀菌剂均匀喷雾防治2~4次,施药间隔期5~7 d,喷药后4 h遇雨应及时补喷。注重轮换用药,适当利用有机硅助剂提高药效。

(二)早疫病

1. 农业防治

选用抗(耐)病品种,增施有机肥;生长期加强肥水管理,适量增施钾肥,适时喷施叶面肥;雨后及时清沟排渍降湿,促进植株健康。

2. 药剂防治

发病初期喷施丙森锌或代森锰锌等保护性杀菌剂药剂1~2次。发病较重时,用百菌清、啶酰菌胺、烯酰·吡唑酯、恶唑菌酮·霜脲氰等药剂防治,每隔7~10 d喷1次,连喷2~3次。

(三)病毒病

以农业防治为基础,再结合药剂防治等措施,可以达到良好的防治效果。防治应采用优质脱毒种薯播种,加强品种的选择,使用高抗病能力的品种,加强病虫害的防治,有针对性地合理选用药剂进行综合性的防治。

1. 选择优良品种

选择适应性广、产量高、品质好的品种,主要有青薯4号、青薯5号、青薯9号、下寨65。

2. 农业防治

首先要选择排水良好、土壤疏松的沙壤土种植,马铃薯种植不宜与茄科轮作,在种植前需要精细地整地,并施加充足的基肥,基肥以优质的农家肥为主,并配合使用适量的化肥,在播种时要根据地力,适量地施用种肥,种肥以氮、磷、钾等复合肥为主。

播种时使用的脱毒种薯最好为小整薯，如果选择大种薯切块种植，则要注意做好切刀的消毒工作，并且播种前使用药剂拌种。因为蚜虫是病毒病的主要传播途径，在马铃薯出苗前就要做好蚜虫的防治工作。

加强马铃薯的田间管理工作，做好中耕培土的工作，控制马铃薯徒长，如果遇到植株徒长，可以使用生长调节剂促进植株健壮生长，以提高植株的抗病力。在马铃薯现蕾时，可以喷施0.1%磷酸二氢钾预防病毒的发生。在马铃薯的生长期要合理追肥，避免重施氮肥，增加磷、钾肥的用量。

如果马铃薯发病，则要在发病初期及时喷洒药剂进行防治，以减轻病害，常用的药剂主要有20%病毒克星可溶性粉剂400倍液、15%病毒必克可湿性粉剂500～700倍液等。

（四）黑胫病

选用抗病品种。选用无病种薯，采用小整薯播种。切刀消毒。轮作1年以上。选用噻菌铜或噻霉酮药剂浸泡种薯或拌种。及时拔除病株。发现病株应及时全株拔除，集中销毁，在病穴及周边撒少许熟石灰。药剂防治。用噻菌铜或噻霉酮药剂灌根处理。

（五）地下害虫

主要包括金针虫、蛴螬、地老虎等。农业防治：秋季深翻地，减少越冬虫源、清除田园及周边杂草，减少幼虫和虫卵数量。物理防治：田间安放杀虫灯或性信息素诱杀成虫，控制虫源基数；杀虫灯每30～50亩安装1盏灯，灯间距离150～180 m，离地面高度1.5～1.8 m；性诱剂诱捕器每1亩设置1个，设置高度离马铃薯植株顶端20 cm左右。生物防治。播种时可选用绿僵菌或白僵菌、苏云金杆菌等生物制剂混土处理。

## （六）蚜虫

农业防治。铲除田间、地边杂草，切断蚜虫中间寄主和栖息场所。物理防治。针对迁飞性蚜虫，可用黄板进行诱杀，在诱虫板粘满虫尸时及时更换。

## 三、青稞

青海省青稞病虫害主要是青稞黑穗病、青稞条纹病、青稞云纹病、蚜虫等。重点推行方法：一是推广和茄科、十字花科、豆科等作物的轮作，避免与麦类连作；二是选用抗病、抗倒伏、产量高、品质好的中早熟品种；三是用石灰水浸种拌种；四是加强栽培管理，做到适期早播、合理密植，加强水肥管理，促进青稞生长整齐。

## 四、豆类

青海省豆类病虫害主要是蚕豆赤斑病、蚕豆褐斑病、豌豆根瘤象、蓟马、蚜虫等。重点推行：一是实行3年以上的轮作；二是选用抗性品种；三是加强栽培管理，合理密植和整枝。病害发生较重时，可选用甲基硫菌灵、嘧菌酯等喷雾防治。

## 五、油菜

### （一）技术路径

一是加强监测预报。科学开展青海省春油菜重大病虫害系统调查，大田普查，认真做好中长期趋势预测及短期发生程度预测预报工作，当病虫发生程度监测结果达到2级指标以上，及时发布病虫发生时期、防治时期、防治方法等信息，科学指导大面积防治。掌握油菜重大病虫害发生动态，适时调整防治策略。二是加强农业防治。选用高产抗病虫害品种，品种定期轮换，减轻油菜菌核病、露尾甲、油菜角野螟、黄条跳甲、茎象甲等病虫害的为害；秋冬季深翻土地，清理农田杂草和枯枝落叶，有效减少越冬虫量；合理轮作，与小麦、马铃薯、青稞等轮作；建立保护带，在面积2亩的田块中间顺长种植两行保护行，保护行选用成熟期比被保护品种早一周左右的品种，株行距8 cm×10 cm。保护行油菜较周边油菜长势好，现蕾期早、蕾簇多而丰满，可有效诱集害虫；加强栽培管理。合理密植，清沟排渍，不留渍水，降低田间湿度，抑制菌核萌发。三是加强理化诱控。利用昆虫趋光性，安装频振式杀虫灯诱杀油菜角野螟、油菜露尾甲、小菜蛾、甘蓝夜蛾等；利用昆虫的趋向性，放置黄、蓝板，规格25 cm×20 cm。从油菜蕾苔期开始，将竹竿下端插入地里，将黄、蓝板固定在竹竿上端，高度以超过油菜生长点5~10 cm为最佳，并随着油菜的生长调节高度，蓝板每亩用20~30张，可有效防治油菜田蚜虫、黄条跳甲、露尾甲等；选用专用性诱剂进行诱杀。四是加强生物药剂防治。选用噻虫嗪70%可分散性种子处理剂进行种子包衣，防治油菜跳甲、茎龟象甲、露尾甲、地下害虫、菌核病等；选用球孢白僵菌、印楝素防治黄条跳甲、茎象甲等；选用阿维菌素、苦参碱、鱼藤酮、苏云金杆菌防治小菜蛾、菜青虫、蚜虫、油菜角野螟等。

（二）主要技术模式

油菜苗期，黄条跳甲、蚤跳甲、茎象甲全程绿色防控技术模式：噻虫嗪拌种+黄、蓝板诱杀+苗期噻虫嗪（或鱼藤酮、印楝素、球孢白僵菌等）喷雾防治。

油菜蕾苔期，油菜露尾甲、蚜虫、小菜蛾全程绿色防控技术模式：黄、蓝板诱杀+苦参碱（或除虫菊素、藜芦碱等）喷雾防治。

油菜花期至角果初期，小菜蛾、油菜角野螟全程绿色防控技术模式：黄、蓝板诱杀+杀虫灯诱杀成虫+阿维菌素乳油喷雾防治。

# 第八节　黄南州商品有机肥技术参数

商品有机肥执行标准NY 525—2012。

主要技术参数：

有机质的质量分数≥45%。

总养分（氮+五氧化二磷+氧化钾）≥5.0%。

水分的质量分数≤30%。

pH值5.5~8.5。

蛔虫卵死亡率≥95%、粪大肠菌群数≤100个/g。

重金属的限量指标：总砷（As）（以烘干基计）mg/kg≤15、镉（Cd）（以烘干基计）mg/kg≤3、铅（Pb）（以烘干基计）mg/kg≤50、铬（Cr）（以烘干基计）mg/kg≤150、总汞（Hg）（以烘干基计）mg/kg≤2。

氯离子的质量分数≤3.0。

外观颜色：褐色或灰褐色，粒状或粉状，均匀无恶臭、无机械杂质。

技术服务：按时保质保量送到指定地点。

# 第九节　黄南州有机叶面肥技术参数

## 一、含氨基酸水溶肥类（执行标准NY 1429—2010）

（一）含氨基酸水溶肥类（中量元素型）固体产品

游离氨基酸含量≥10.0%；

中量元素含量≥3.0%；

水不溶物含量≤5.0%；

pH值（1∶250倍的稀释）3.0～9.0；

水分（$H_2O$）≤4.0%。

（二）含氨基酸水溶肥类（中量元素型）液体产品

游离氨基酸含量≥100 g/L；

中量元素含量≥30 g/L；

水不溶物含量≤50 g/L；

pH值（1∶250倍的稀释）3.0～9.0。

（三）含氨基酸水溶肥类（微量元素型）固体产品

游离氨基酸含量≥10.0%；

微量元素含量≥2.0%；

水不溶物含量≤5.0%；

pH值（1∶250倍的稀释）3.0～9.0；

水分（$H_2O$）≤4.0%。

（四）含氨基酸水溶肥类（微量元素型）液体产品

游离氨基酸含量≥100 g/L；

微量元素含量≥20 g/L；

水不溶物含量≤50 g/L；

pH值（1∶250倍的稀释）3.0~9.0。

## 二、含有机质叶面肥类（执行标准GB/T 17419—2018）

### （一）含有机质叶面肥液体产品

有机质的质量分数≥100 g/L；

总养分（氮+五氧化二磷+氧化钾）≥80 g/L；

微量元素含量≥20 g/L；

水不溶物含量≤5 g/L；

pH值（1∶250倍的稀释）2.0~9.0。

### （二）含有机质叶面肥固体产品

有机质的含量≥25%；

总养分（氮+五氧化二磷+氧化钾）≥5%；

微量元素含量≥2%

水不溶物含量≤0.5%；

水分（$H_2O$）≤5.0%；

pH值（1∶250倍的稀释）2.0~9.0。

### （三）含有机质叶面肥砷、铅、铬、汞、镉限量要求

砷及其化合物的质量分数（以As计）≤10 mg/kg；

镉及其化合物的质量分数（以Cd计）≤10 mg/kg；

铅及其化合物的质量分数（以Pb计）≤50 mg/kg；

铬及其化合物的质量分数（以Cr计）≤50 mg/kg；

汞及其化合物的质量分数（以Hg计）≤5 mg/kg。

## （四）含腐殖酸类水溶肥料（执行标准 NY 1106—2010）

1. 含腐殖酸类水溶肥料（大量元素型）固体产品

腐殖酸含量≥3.0%；

大量元素含量>20%；

水不溶物含量≤5%；

水分（$H_2O$）≤5.0%；

pH值（1∶250倍的稀释）4.0~10.0。

2. 含腐殖酸类水溶肥料（大量元素型）液体产品

腐殖酸含量≥30 g/L；

大量元素含量≥200 g/L；

水不溶物含量≤50 g/L；

pH值（1∶250倍的稀释）4.0~10.0。

3. 含腐殖酸类水溶肥料（微量元素型）产品

腐殖酸含量≥3.0%；

微量元素含量≥6%；

水不溶物含量≤5%；

水分（$H_2O$）≤5.0%；

pH值（1∶250倍的稀释）4.0~10.0。

4. 含腐殖酸类水溶肥中砷、铅、铬、汞、镉限量要求

砷As（以元素计）≤10 mg/kg；

镉Cd（以元素计）≤10 mg/kg；

铅Pb（以元素计）≤50 mg/kg；

铬Cr（以元素计）≤50 mg/kg；

汞Hg（以元素计）≤5 mg/kg。

以上技术参数供各项目单位招投标时参考,有机叶面肥采购中,也可以考虑近两年试验示范成熟的有机类肥料。

## 第十节 黄南州畜禽粪便自制堆肥

制作方法及含量要求参考农业行业标准《畜禽粪便堆肥技术规范》(NY/T 3442—2019)、《青海省畜禽粪便自制堆肥制作方法及含量要求》,结合实际,编制《黄南州畜禽粪便自制堆肥制作方法及含量要求》。

### 一、定义

堆肥是在人工控制条件下,通过微生物的发酵,使有机物被降解,并生产出一种适宜于土地利用的产物的过程。

### 二、原料

原料以羊粪、猪粪、马粪、牛粪为主。辅料为农作物秸秆、锯末、蘑菇渣等。厩肥中羊粪的养分含量最高,猪粪次之,再次为马粪,牛粪最差。

### 三、场地要求

原料存放区应防雨防水防火。畜禽粪便等主要原料应尽快预处理,并输送至发酵区,存放时间不宜超过1 d。

发酵场地应配备防雨和排水设施。堆肥过程中产生的渗滤液应收集贮存,防止渗滤液渗漏。

## 四、堆肥制作方法

将混合好的物料堆成条垛进行好氧发酵。

### （一）物料预处理

将畜禽粪便和辅料混合均匀，混合后的物料含水率宜为45%~65%，C/N为（20~40）:1，粒径不大于5 cm，pH值为5.5~9.0。

堆肥过程中添加有机物料腐熟剂，接种量宜为堆肥物料质量的0.1%~0.2%。

### （二）发酵

通过翻堆，使堆体温度达到55 ℃以上，维持时间不得少于15 d。堆体温度高于65 ℃时，应通过翻堆、搅拌等降低温度。

条垛式堆肥的翻堆次数宜为每天1次。在实际应用中可根据堆体温度和出料情况调整搅拌频率。

## 五、畜禽粪便自制堆肥的质量要求

畜禽粪便自制堆肥产物应符合表12-2的要求，质量达到要求的，可折算为自筹资金。

表12-2 堆肥产物质量要求

| 项目 | 指标 |
| --- | --- |
| 有机质含量（以干基计）（%） | ≥30 |
| 水分含量（%） | ≤45 |
| 蛔虫卵死亡率（%） | ≥95 |
| 粪大肠菌群数（个/g） | ≤100 |
| 总砷（As）（以干基计）（mg/kg） | ≤15 |

（续表12-2）

| 项目 | 指标 |
| --- | --- |
| 总汞（Hg）（以干基计）（mg/kg） | ≤2 |
| 总铅（Pb）（以干基计）（mg/kg） | ≤50 |
| 总镉（Cd）（以干基计）（mg/kg） | ≤3 |
| 总铬（Cr）（以干基计）（mg/kg） | ≤150 |

## 第十一节　黄南州有机肥核查抽检方案

为切实加强有机肥质量监管，确保农业投入品质量安全，保护农民合法权益，促进黄南州化肥农药减量增效行动顺利实施，现制定《黄南州有机肥核查抽检方案》。

### 一、商品有机肥核查抽查

#### （一）现场核查

县农牧部门组织相关技术人员对属地有机肥料生产企业实地踏看，进车间、入库房，对原料采购储备、原料配比、原料质量、生产工艺、设备生产运行、成品库存以及至春耕生产期生产能力进行详细核查，作为企业招标采购依据。企业要适时开工生产，确保全州有机肥正常供应。

## （二）抽样核验

### 1. 抽样及检验依据

《肥料质量监督抽查抽样规范》（NY/T 4198—2022）《有机肥料》产品质量标准（NY 525—2021）、《肥料标识内容和要求》（GB18382—2021）。

### 2. 抽样时间

重点在备耕春播供肥期间进行。

### 3. 抽样地点

商品有机肥肥料生产企业成品库房、田间供肥现场和肥料销售市场。

抽样方法如下：

按照产品标准中有关抽样规则进行样品采取。每袋取样量不少于1 000 g，每批抽取总试样量大于3 000 g。将采取的样品迅速充分混匀，用分样器或四分法缩分至不少于1 000 g，分装在3个清洁、干燥的取样容器中，用胶带密封，粘贴标签和封条。一份用于检验，一份用于备检，一份作为异议处理复检样品备存。

企业所需抽取批次肥料样品数量。根据标准有关规定，抽样袋数按表12-3规定抽取样品。

表12-3　选取抽样袋数规定　　　　　　　　　（袋）

| 总的包装袋数 | 选取的最少抽样袋数 | 总的包装袋数 | 选取的最少抽样袋数 |
| --- | --- | --- | --- |
| 1~10 | 全部 | 182~216 | 18 |
| 11~49 | 11 | 217~254 | 19 |
| 50~64 | 12 | 255~296 | 20 |

（续表12-3）

| 总的包装袋数 | 选取的最少抽样袋数 | 总的包装袋数 | 选取的最少抽样袋数 |
| --- | --- | --- | --- |
| 65~81 | 13 | 297~343 | 21 |
| 82~101 | 14 | 344~394 | 22 |
| 102~125 | 15 | 395~450 | 23 |
| 126~151 | 16 | 451~512 | 24 |
| 152~181 | 17 | | |

填写抽样单。抽样单一式三联，填好的抽样单应当有抽样人员和被抽查单位负责人或其授权人员的签字，并加盖公章。

抽样地点为有机肥生产企业的，由各市（县）农牧业服务相关单位及执法部门具体负责。样品从生产企业成品库中抽取，抽取的样品应是企业自检合格成品。样品按批次抽取，最小批量为1 t。

抽样地点为田间地头的，由县农牧部门按供肥批次进行抽样。抽样量最低基数不得少于10袋。抽样单上应标明具体的抽样地点，同时要有抽样单位、供肥单位双方的签字。

抽样地点为销售市场的，由各市（县）农牧业服务相关单位及执法部门具体负责。样品应从经销商仓库或经销门店中抽取，抽样量最低基数不得少于10袋。抽样单位及时通知产品包装标称的生产企业，要求其在收到通知之日起15日内书面确认。逾期不予回复或拒不签收的，视为标称企业确认为其产品；标称企业确认不属于其产品的，应出具相关证明材料。

抽样注意事项。抽样时，至少有2名抽样人员参加，介绍抽查的性质、抽样方法、检验依据、判定原则。抽检样品时，应注意贮存环境。根据贮存情况，地面层和明显受潮、破袋产品不抽。抽样人员应对所抽样品的包装袋上所示内容拍照记录或带回一个包装袋。

检验要求如下：

商品有机肥检验项目见表12-4。

表12-4 商品有机肥质量检验项目

| 序号 | 检验项目 | 单位 | 指标 | 备注 |
| --- | --- | --- | --- | --- |
| 1 | 有机质的质量分数（以烘干基计） | % | ≥45 | |
| 2 | 总养分（氮+五氧化二磷+氧化钾）的质量分数（以烘干基计） | % | ≥5 | |
| 3 | 水分（鲜样）的质量分数 | % | ≤30 | |
| 4 | 酸碱度 | — | 5.5~8.5 | |
| 5 | 总砷（As）（以烘干基计） | mg/kg | ≤15 | |
| 6 | 总铅（Pb）（以烘干基计） | mg/kg | ≤50 | |
| 7 | 总镉（Cd）（以烘干基计） | mg/kg | ≤3 | |
| 8 | 总铬（Cr）（以烘干基计） | mg/kg | ≤150 | |
| 9 | 氯离子的质量分数 | % | ≤3.0 | |
| 10 | 粪大肠杆菌 | 个/g | ≤100 | |
| 11 | 蛔虫卵死亡率 | % | ≥95 | |

肥料标识内容和要求：

包装：选用覆膜编织袋或塑料编织袋衬聚乙烯内袋包装。每袋净含量50 kg、40 kg等。

标识：产品名称、商标、有机质含量、总养分含量表、净重量、标准号、登记证号、企业名称、厂址等。

其他检测：鉴于资金和时间原因，有机肥检测以常规检测项为主，如遇肥料质量存在问题等特殊情况下，进行重金属和大肠杆菌、蛔虫卵检测。

（1）检验结果综合判定原则。各项检验指标均应符合《有机肥料》产品质量标准（NY 525—2021）、《肥料标识内容和要求》标准（GB 18382—2021），任意一项不符合要求，即判为不合格产品。

（2）异议处理及复检。

①结果确认。检验结束后，承担抽检任务单位应及时将产品检验结果书面通知被抽查单位和产品包装上标称的生产企业，要求其在收到通知之日起15日内进行书面确认。对逾期不予回复或拒不签收的，视为认可抽查结果。

②异议处理及复检。被抽查单位对抽查结果有异议的，应当在收到抽查结果之日起15日内向黄南州农牧局提出书面复议申请，进行复检。

（3）检测单位及费用。检测单位可以由抽样单位委托有资质的省内外检测机构。各市县抽取样品检测费用原则上由供肥企业支出。

## 二、畜禽粪便自制堆肥核查抽查

（一）现场核查

各县农牧、财政、质检等部门对属地合作社、种植大户、农民等自制的农家肥进行实地踏看，抽样检验主要对使用的原料、原料配比、成品等进行详细核查。

（二）抽样核验

1. 抽样及检验依据

《肥料质量监督抽查 抽样规范》（NY/T 4198—2022）、《畜禽粪便 监测技术规范》（GB/T 25169—2022）。

## 2. 抽样时间

重点在备耕春播供肥期间进行。

## 3. 抽样地点

农家肥堆制现场。

## 4. 抽样方法

按照产品标准中有关抽样规则进行样品采取。利用不锈钢采样土铲和土钻等,对每个堆肥点底部自下而上每20 cm取样一次,每次采样约500 g,装入样品混合盆中,混匀后四分法缩分至不少于2 000 g,分装在2个清洁、干燥的取样容器中,用胶带密封,粘贴标签和封条。一份用于检验,一份用于备检。

抽样注意事项。抽样时,至少有2名抽样人员参加,介绍抽查的性质、抽样方法、检验依据、判定原则。

检验要求

畜禽粪便自制堆肥检验项目见表12-5,检测费用原则上由供肥企业支出。

表12-5 畜禽粪便自制堆肥检验项目

| 项目 | 指标 |
| --- | --- |
| 有机质含量(以干基计)(%) | ≥30 |
| 水分含量(%) | ≤45 |
| 蛔虫卵死亡率(%) | ≥95 |
| 粪大肠菌群数(个/g) | ≤100 |
| 总砷(As)(以干基计)(mg/kg) | ≤15 |
| 总汞(Hg)(以干基计)(mg/kg) | ≤2 |
| 总铅(Pb)(以干基计)(mg/kg) | ≤50 |

（续表12-5）

| 项目 | 指标 |
|---|---|
| 总镉（Cd）（以干基计）（mg/kg） | ≤3 |
| 总铬（Cr）（以干基计）（mg/kg） | ≤150 |

## 第十二节 黄南州农药包装废弃物回收处理管理办法

### 总　则

**第一条** 为了防治农药包装废弃物污染，保障公众健康，保护生态环境，根据《中华人民共和国土壤污染防治法》《中华人民共和国固体废物污染环境防治法》《农药管理条例》等法律、行政法规，制定本办法。

**第二条** 本办法适用于农业生产过程中农药包装废弃物的回收处理活动及其监督管理。

**第三条** 本办法所称农药包装废弃物，是指农药使用后被废弃的与农药直接接触或含有农药残余物的包装物，包括瓶、罐、桶、袋等。

**第四条** 市（县）乡各级人民政府依照《中华人民共和国土壤污染防治法》的规定，组织、协调、督促相关部门依法履行农药包装废弃物回收处理监督管理职责，建立健全回收处理体系，统筹推进农药包装废弃物回收处理等设施建设。

**第五条** 县级人民政府农业农村主管部门负责本行政区域内农药生产者、经营者、使用者履行农药包装废弃物回收处理义务的监督管理。

县级人民政府生态环境主管部门负责本行政区域内农药包装废弃物回收处理活动环境污染防治的监督管理。

**第六条** 农药生产者（含向中国出口农药的企业）、经营者和使用者应当积极履行农药包装废弃物回收处理义务，及时回收农药包装废弃物并进行处理。

**第七条** 黄南州政府鼓励和支持行业协会在农药包装废弃物回收处理中发挥组织协调、技术指导、提供服务等作用，鼓励和扶持专业化服务机构开展农药包装废弃物回收处理。

**第八条** 州、市（县）级人民政府、农牧局和生态环境主管部门应当采取多种形式，开展农药包装废弃物回收处理的宣传和教育，指导农药生产者、经营者和专业化服务机构开展农药包装废弃物的回收处理。

鼓励农药生产者、经营者和社会组织开展农药包装废弃物回收处理的宣传和培训。

## 第一章 农药包装废弃物回收

**第九条** 州、市（县）级人民政府农业主管部门应当调查监测本行政区域内农药包装废弃物产生情况，指导建立农药包装废弃物回收体系，合理布设县、乡、村农药包装废弃物回收站（点），明确管理责任。

**第十条** 农药生产者、经营者应当按照"谁生产、谁经营，谁回收"的原则，履行相应的农药包装废弃物回收义务。农药生产者、经营者可以协商确定农药包装废弃物回收义务的具体履行方式。

农药经营者应当在其经营场所设立农药包装废弃物回收装置，不得拒收其销售农药的包装废弃物。

农药生产者、经营者应当采取有效措施，引导农药使用者及时交回农药包装废弃物。

**第十一条** 农药使用者应当及时收集农药包装废弃物并交回农药经营者或农药包装废弃物回收站（点），不得随意丢弃。

农药使用者在施用过程中，配药时应当通过清洗等方式充分利用包装物中的农药，减少残留农药。

鼓励有条件的地方，探索建立检查员等农药包装废弃物清洗审验机制。

**第十二条** 农药经营者和农药包装废弃物回收站（点）应当建立农药包装废弃物回收台账，记录农药包装废弃物的数量和去向信息。回收台账应当保存两年以上。

**第十三条** 农药生产者应当改进农药包装，便于清洗和回收。

政府鼓励农药生产者使用易资源化利用和易处置包装物、水溶性高分子包装物或者在环境中可降解的包装物，逐步淘汰铝箔包装物。鼓励使用便于回收的大容量包装物。

## 第二章 农药包装废弃物处理

**第十四条** 农药经营者和农药包装废弃物回收站（点）应当加强相关设施设备、场所的管理和维护，对收集的农药包装废弃物进行妥善贮存，不得擅自倾倒、堆放、遗撒农药包装废弃物。

**第十五条** 运输农药包装废弃物应当采取防止污染环境的措

施，不得丢弃、遗撒农药包装废弃物，运输工具应当满足防雨、防渗漏、防遗撒要求。

**第十六条** 政府鼓励和支持对农药包装废弃物进行资源化利用；资源化利用以外的，应当依法依规进行填埋、焚烧等无害化处置。

资源化利用按照"风险可控、定点定向、全程追溯"的原则，由省级人民政府农业农村主管部门会同生态环境主管部门结合本地实际需要确定资源化利用单位，并向社会公布。资源化利用不得用于制造餐饮用具、儿童玩具等产品，防止为害人体健康。资源化利用单位不得倒卖农药包装废弃物。

州、市（县）级人民政府农业农村主管部门、农牧局、生态环境主管部门指导资源化利用单位利用处置回收的农药包装废弃物。

**第十七条** 农药包装废弃物处理费用由相应的农药生产者和经营者承担；农药生产者、经营者不明确的，处理费用由所在地的县级人民政府财政列支。

鼓励各市县有关部门加大资金投入，给予补贴、优惠措施等，支持农药包装废弃物回收、贮存、运输、处置和资源化利用活动。

## 第三章 法律责任

**第十八条** 州、市（县）各级人民政府农业农村主管部门或生态环境主管部门未按规定履行职责的，对直接负责的主管人员和其他直接责任人依法给予处分；构成犯罪的，依法追究刑事责任。

**第十九条** 农药生产者、经营者、使用者未按规定履行农药包装废弃物回收处理义务的，由各市（县）人民政府农业农村主管部门按照《中华人民共和国土壤污染防治法》第八十八条规定予以处罚。

**第二十条** 农药包装废弃物回收处理过程中,造成环境污染的,由各市(县)人民政府生态环境主管部门按照《中华人民共和国固体废物污染环境防治法》等法律的有关规定予以处罚。

**第二十一条** 农药经营者和农药包装废弃物回收站(点)未按规定建立农药包装废弃物回收台账的,由各市(县)人民政府农业农村主管部门责令改正;拒不改正或者情节严重的,可处二千元以上二万元以下罚款。

## 第四章 附 则

**第二十二条** 本办法所称的专业化服务机构,指从事农药包装废弃物回收处理等经营活动的机构。

**第二十三条** 本办法自2020年10月1日起施行。

# 参考文献

蔡月凤，朱满正，2004. 农技推广员[M]. 西宁：青海人民出版社.

贾明安，2022. 黄南年鉴[M]. 西宁：方志出版社.

马卫平，2019. 小陇山林区川赤芍栽培育苗技术[J]. 现代园艺（1）：50.

马义林，2014. 玉米高产栽培田间管理技术[J]. 现代农业科学（15）：71-74.

孙全平，金涛，索朗措姆，等，2016. 藏木香在西藏高寒山地气候区的种植适应性分析[J]. 西藏农业科学（9）：38-41.

王焕强，2016. 青海省农作物品种志（2006—2015）[M]. 西宁：青海民族出版社.

王祖训，1999. 青海农业新技术[M]. 西宁：青海人民出版社.

魏学庆，2022. 青海省"十四五"高原特色农牧渔业主导品种和主推技术指南[M]. 西宁：青海民族出版社.

杨生伟，2019. 青海省马铃薯种植现状及高产栽培技术[J]. 青海农技推广（3）：2.

张广明，刘延辉，胡丽杰，等，2017. 赤芍栽培技术及病虫害防治[J]. 现代农村科技（10）：17-19.

邹兴强，2006. 藏木香栽培技术[J]. 四川农业科学（9）：29-30.